国家自然科学基金面上项目(51274196)资助
国家自然科学基金青年项目(51904295)资助
江苏省基础研究计划(自然科学基金)青年项目(BK20180647)资助

中速磨煤机的试验模拟
与工业采样研究

谢卫宁　何亚群　著

中国矿业大学出版社
·徐州·

内 容 提 要

本书围绕中速磨煤机内煤炭的破碎和分级过程开展了相关的试验模拟和工业采样研究,建立了煤炭破碎和分级动力学模型,阐明了破碎能量在煤炭料层粉碎过程中的分配机制;在国内外首次对工业辊式中速磨煤机进行了开孔改造和在线采样工作,结合实验室试验和仿真模拟,揭示了磨机循环负荷产生机理及矿物质的累积迁移规律,明确了矿物质累积以及控制对煤炭破碎过程的影响。

本书可作为矿业工程、电力工程等相关专业的高等院校师生和研究院所的研究人员及企业的技术人员参考使用。

图书在版编目(C I P)数据

中速磨煤机的试验模拟与工业采样研究 / 谢卫宁,
何亚群著. —徐州 : 中国矿业大学出版社,2020.10
　ISBN 978 - 7 - 5646 - 4660 - 8

　Ⅰ. ①中… Ⅱ. ①谢… ②何… Ⅲ. ①中速磨煤机—
研究 Ⅳ. ①TK223.25

　中国版本图书馆 CIP 数据核字(2020)第 205729 号

书　　　名	中速磨煤机的试验模拟与工业采样研究
著　　　者	谢卫宁　何亚群
责任编辑	褚建萍
出版发行	中国矿业大学出版社有限责任公司
	(江苏省徐州市解放南路　邮编 221008)
营销热线	(0516)83884103　83885105
出版服务	(0516)83995789　83884920
网　　　址	http://www.cumtp.com　**E-mail**:cumtpvip@cumtp.com
印　　　刷	江苏淮阴新华印务有限公司
开　　　本	787 mm×1092 mm　1/16　**印张** 10.5　**字数** 200 千字
版次印次	2020 年 10 月第 1 版　2020 年 10 月第 1 次印刷
定　　　价	42.00 元

前　言

我国能源结构呈现"富煤贫油"的特点,2019年,煤炭在能源消费中的比重为58%,其在利用中产生的高耗能与环境问题受到广泛关注。我国煤炭消费总量的60%用于发电,燃煤不仅会产生可吸入颗粒物和污染性气体,而且其研磨能耗和厂自用电率均较高,这使燃煤电厂实现节能减排的目标面临着巨大挑战。鉴于此,本书选取燃煤电厂广泛采用的中速磨煤机为研究对象,采用实验室模拟研究与工业采样实践相结合的方法,考察煤炭在中速磨煤机内的破碎及能耗特性,对比分析不同类型中速磨煤机的运行效率,研究各类混合破碎中不同组分的破碎行为,建立包含物料性质的能量-粒度关系模型,并提出计算各相能量分配因子方法,深入剖析原煤性质及循环负荷中矿物质去除的能量响应机制。本书的主要结论如下:

闭路破碎试验中,累积在磨盘上的新生细颗粒所产生的缓冲效应及随时间延长而逐渐降低的破碎能量的综合作用导致初始粒级物料破碎的动力学由线性转为非线性。基于中速磨煤机内物料性质多元化的破碎环境,设计多种混合破碎试验并分析各相在混合及单独破碎中能耗特性的差异。建立包含混合物质量加权莫氏硬度的破碎模型,并将混合破碎中各相的影响体现在破碎能量中,分别计算混合破碎中各物相的能量分配因子。基于破碎产物在t_{10}所对应的特征粒度附近的累积产率与粒度呈线性关系的假设,利用前述模型分析多粒级混合破碎中的能量分配问题。在分析颗粒破碎对粒度和灰分响应权重基础上,建立包含粒度和灰分参量的破碎模型,并利用该模型计算不同灰分煤样在相同破碎能量时的煤粉细度差异以及在获得相同煤粉细度时的能耗差异。

在全国范围内首次开展E型和ZGM型中速磨煤机工业采样试验。结果显示:E型中速磨煤机较多的研磨介质使一次热风须克服较高通风阻力以完成颗粒的运输和分级,风机功耗偏大,最终导致E型中速磨煤机的运行效率较ZGM型设备低。建立在自制辊磨设备试验基础上的破碎模型及拟合参数可描述原煤在两类模拟设备中的破碎,表明两者具有相同的破碎能量效率;但设备结构的差异致使ZGM型中速磨煤机具有更高的研磨效率。在模拟试验和采样结果基础上,建立单位破碎能量与产品细度t_n关系的数学模型。

本书的编写得到了中国矿业大学化工学院何亚群教授研究团队的大力支持。本书的出版得到了国家自然科学基金面上项目(51274196)、国家自然科学基金青年项目(51904295)、江苏省基础研究计划(自然科学基金)青年项目(BK20180647)的资助与支持。在此一并表示衷心感谢。

由于著者的水平和能力有限,书中还存在一些疏漏之处,恳请读者不吝指正,以为我国燃煤电厂的节能减排目标的推进和实现做出贡献。

著　者

2020 年 4 月

目　　录

1　燃煤电厂简介

我国 70％以上电量来自火电厂,其中煤电占比 92％,气电占比 4％。燃煤电厂利用煤炭燃烧产生的热量将水加热,使水受热后变为蒸汽和过热蒸汽。过热蒸汽推动汽轮机,汽轮机带动发电机旋转产生电能。燃煤电厂主要包括燃烧和汽水两大系统。其中,燃烧系统包括制粉系统、锅炉燃烧系统、除尘除灰系统和通风系统等;汽水系统是由锅炉、汽轮机、凝汽器、除氧器等装备组成,主要包括汽水循环系统、化学水处理系统和循环水系统等。制粉系统负责为燃煤锅炉提供合格煤粉,是燃烧系统的重要组成部分。

1.1　燃煤电厂制粉系统

燃煤锅炉燃用由制粉系统研磨分级后的合格煤粉,其中大于 200 μm 和 90 μm 的颗粒含量分别不超过 5％和 16％[1]。制粉系统是指将原煤磨制成粉后送入锅炉炉膛悬浮燃烧所需设备以及相关连接管道的组合。制粉系统的主要设备有给煤机、磨煤机、煤粉分离器、一次风箱、煤粉管道、燃烧器、锅炉、密封风机等。目前,燃煤电厂普遍采用锅炉单独配置一套制粉系统的设计模式,使操作人员可根据生产需求灵活控制各独立机组。根据是否设置煤粉仓的差异,燃煤电厂制粉系统可分为直吹式制粉系统和中间储仓式制粉系统[2,3]。

1.1.1　直吹式制粉系统

直吹式制粉系统是指将磨煤机研磨后的煤粉直接吹入炉膛燃烧的制粉系统。在直吹式制粉系统中,磨煤机的出力就是锅炉的燃煤量,制粉系统与锅炉之间一直保持燃料的供需平衡。与中速磨煤机配套的直吹式制粉系统中,中速磨煤机磨制的煤粉可直接送入炉膛燃烧。因此该系统具有结构简单、设备部件少、运行费用低、钢材消耗省、占有空间少、投资少和爆炸危险性小等特点[4]。此外,在锅炉负荷变化时,该系统可采用改变给煤量的方法,进而改变中速磨煤机出力,最终影响锅炉的燃煤量。目前,国内大型电站锅炉大多采用中速磨煤机直吹式制粉系统。根据系统压力和一次风温度的差异,直吹式制粉系统可分为负压直吹式制粉系统和正压直吹式制粉系统。

负压直吹式制粉系统结构如图 1-1(a)所示。该系统在负压下运行,煤粉不会向外泄漏,对环境污染小。但其排粉风机装在磨煤机出口,燃烧所需煤粉全部经过排粉风机,磨损严重,效率低,电耗大,需经常检修,系统运行可靠性低。目前已很少使用。而正压直吹式制粉系统[图 1-1(b)]的一次风机布置在中速磨煤机之前,风机输送的是干净空气,不存在煤粉磨损叶片的问题。中速磨煤机处在一次风机形成的正压状态下,不会出现冷空气进入问题,对保证中速磨煤机干燥出力有利。为防止煤粉外泄、污染环境,或煤粉窜入中速磨煤机的滑动部分,该系统专门设有密封风机对其进行密封和隔离[5]。

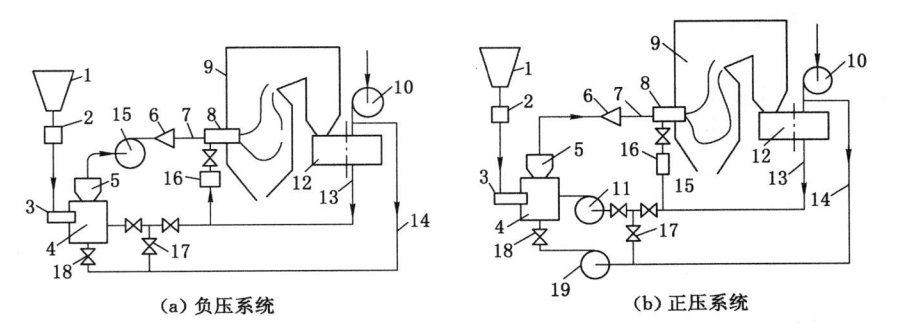

(a) 负压系统　　　　　　　　　　(b) 正压系统

1—原煤仓;2—自动磅秤;3—给煤机;4—中速磨煤机;5—煤粉分离器;6—一次风风箱;7—煤粉管道;
8—燃烧器;9—锅炉;10—送风机;11—热一次风;12—空气预热器;13—热风管道;
14—冷风管道;15—排粉风机;16—二次风风箱;17—冷风门;18—密封风门;19—密封风机。

图 1-1　配套中速磨煤机的直吹式制粉系统

正压直吹式制粉系统因一次风的温度差异又分为了正压热一次风直吹式制粉系统和正压冷一次风直吹式制粉系统两大类。正压热一次风直吹式制粉系统(图 1-2)中,热一次风机布置在空气预热器与中速磨煤机之间,输送的是经空气预热器加热的热空气。但由于空气温度高,比容大,因此比输送同样质量冷空气的风机体积大,电耗高,且风机运行效率低,还存在高温侵蚀。从回转式空气预热器输出的热空气还会携带飞灰颗粒,对风机叶轮和叶壳产生磨损,降低运行可靠性。而在正压冷一次风机直吹式制粉系统中,独立的一次风经空气预热器的一次风道加热后再进入中速磨煤机。与前者相比,该系统具有明显的优点:

(1)冷一次风机输送的是干净的冷空气,工作条件好,风机结构简单,体积小,造价低。冷空气比容小,风机容量小,电耗低,并可采用高效风机。

(2)高压冷一次风机可兼作中速磨煤机的密封风机,使系统设备减少。

(3)热风温度不受一次风机限制,因此可提高进入中速磨煤机的干燥剂温度,适应磨制较高水分煤的要求。

（4）一次风是一个独立系统,锅炉负荷变化时对一次风温度影响很小。

（5）一次风量改变时烟气热量回收的影响不大。

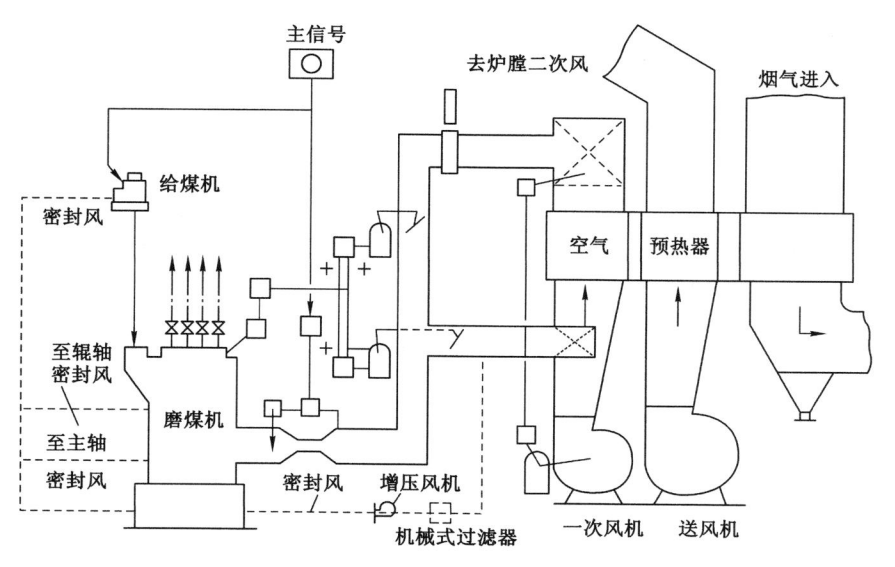

图 1-2　配套中速磨煤机的正压热一次风直吹式制粉系统

1.1.2　中间储仓式制粉系统

除直吹式制粉系统外,国内外逐渐有中间储仓式制粉系统投入运营。与直吹式制粉系统相比,中间储仓式制粉系统中增加了细粉分离器、煤粉仓、给粉机和排粉风机等设备,如图 1-3 所示。细粉分离器分离下来的煤粉储存在煤粉仓,由给粉机送入一次风管道。细粉分离器都采用旋风式分离器,一般粒径小于 10 μm 的煤粉无法分离而随干燥介质从细粉分离器排出,此煤粉量约为磨煤出力的 10%,称为乏气。排粉风机布置在细粉分离器之后,不易磨损[6]。

由于中间储仓式制粉系统中设置了煤粉仓,有较多的煤粉储存,因此中速磨煤机出力可不受锅炉负荷的限制,始终在最佳工况下运行,可以保证所需的煤粉细度,且具有较高的经济性。同时,锅炉负荷变化时,中间储仓式制粉系统只需调节煤粉仓的供粉量(即改变给粉机转速直接调节给粉量)即可满足锅炉燃烧的要求。但对于大型锅炉,中间储仓式制粉系统的复杂性问题较为突出,使得该系统运行的可靠性和稳定性相对较差。因此国内外的一些大中型机组普遍采用直吹式制粉系统。

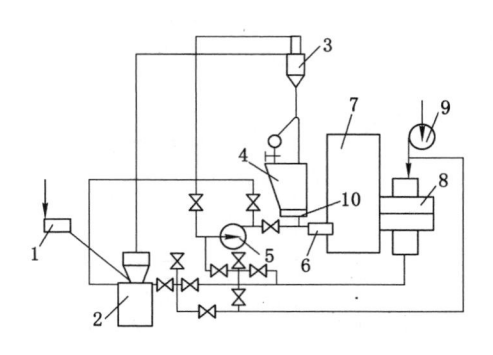

1—给煤机;2—中速磨煤机;3—细粉分离器;4—煤粉仓;5—排粉风机;
6—燃烧器;7—锅炉;8—空气预热器;9—给风机;10—给粉机。

图 1-3 中间储仓式制粉系统

1.2 中速磨煤机类型、结构特点及工作原理

我国燃煤电厂多燃用选煤厂的浮选尾煤、中煤或从井下开采的原煤,其中后两者的颗粒直径较大,远不符合燃煤锅炉对煤粉细度的要求,故需经过制粉系统的破碎与分级。煤炭在磨煤机中被磨制成煤粉,主要是通过压碎、击碎和研碎三种方式,其中压碎作用消耗的能量最少,研碎作用最费能量。各类磨煤机的磨煤过程中兼有上面提到的两种或三种方式。根据磨煤部件的工作转速,电厂磨煤机可分为如下三种[4]:

(1) 低速磨煤机:转速为 15~25 r/min,如筒式钢球磨煤机;

(2) 中速磨煤机:转速为 50~300 r/min,如中速平盘磨、中速环球式(E 型)磨煤机、碗式(RP 型)磨煤机及 ZGM 型中速磨煤机等;

(3) 高速磨煤机:转速为 750~1 500 r/min,如风扇磨煤机、锤击磨煤机。

1.2.1 中速磨煤机类型、结构特点

各类中速磨煤机的驱动磨盘、磨碗或磨环的主轴均为垂直安装,主要区别在于研磨介质和磨碗的形状和结构。目前,我国燃煤电厂配备最多的三种中速磨煤机分别为 E 型、HP 型和 ZGM 型。图 1-4 为上述三类中速磨煤机碾磨区域结构图。

E 型中速磨煤机内,煤炭在上下磨环中自由滚动的大钢球之间被碾磨破碎。磨煤时,钢球不断改变轴线使其在整个工作周期中始终保持球的圆度。HP 型

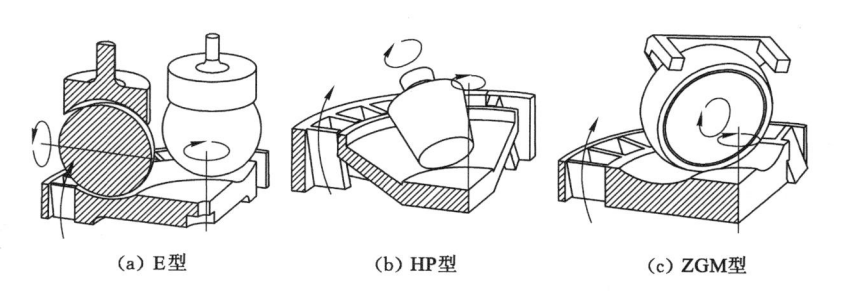

(a) E型　　　　　　　(b) HP型　　　　　　　(c) ZGM型

图 1-4　不同类型中速磨煤机碾磨区域结构

中速磨煤机的主要工作部件由 2～3 个锥形磨辊和圆锥形研磨盘组成。磨盘由电机驱动旋转,磨辊则绕固定轴在磨盘上滚动以碾压磨盘上的煤。ZGM 型中速磨煤机的磨盘为具有凹槽型轨道的碗式结构,三个磨辊相对布置在相距 120°角的位置上。磨盘转动后磨辊摩擦从动,三个磨辊在固定的位置上转动。该磨辊可在 11°～15°范围内自由摆动,进而自动调整磨辊位置。因此,ZGM 型中速磨煤机即吸收了 E 型中速磨煤机的碾压性能,又借用了 HP 型中速磨煤机大直径磨辊的碾磨性能,故在结构上具有优势。

E 型、HP 型和 ZGM 型中速磨煤机不同的结构导致三者在运行电耗方面存在差别。首先,由图 1-6 可知,如果以同样直径的碾磨部件旋转一周所需的磨盘旋转周数比较,HP 型中速磨煤机以固定的磨辊轴线为转轴的磨辊转动一周所需磨盘的旋转周数仅为 E 型中速磨煤机的一半[7,8],但 HP 型中速磨煤机的倾斜式磨盘导致盘内存煤量较大,致使其和 E 型中速磨煤机的磨煤电耗处于同一水平[9]。ZGM 型中速磨煤机磨辊的滚动阻力小,磨煤电耗最低。西安热工研究院有限公司对上述三种中速磨煤机的运行效率进行研究后发现:E 型、HP 型和 ZGM 型中速磨煤机在原煤可磨性指数为 70、煤粉细度 R_{90}＝20％的相同条件下,前两者的磨煤电耗为 6～7 kW·h/t,ZGM 型中速磨煤机的磨煤电耗为 5.5 kW·h/t,其电耗比前两者低 0.5～1.5 kW·h/t。此外,中速磨煤机的通风电耗也是其运行能耗的重要组成部分,该部分能耗主要用于克服磨机本身及管道的阻力。考虑到制粉系统除中速磨煤机之外的管道阻力相似,故其通风电耗将主要受磨机结构的影响。西安热工研究院有限公司对出力相似的 E 型、HP 型和 ZGM 型中速磨煤机进行阻力测定试验,得到的通风电耗依次为 11.5 kW·h/t、6.85 kW·h/t 和 8.65 kW·h/t。综合磨煤电耗和通风电耗后显示,HP 型和 ZGM 型中速磨煤机的运行电耗相当,而 E 型中速磨煤机明显偏高。

此外,在煤粉产品均匀性方面,ZGM 型中速磨煤机最好,HP 型中速磨煤机最差,E 型中速磨煤机居中;而在碾磨件使用寿命方面,E 型中速磨煤机最长,

ZGM 型中速磨煤机居中,HP 型中速磨煤机最短[10,11]。因此,ZGM 型中速磨煤机的综合性能最优,是目前国内燃煤电厂使用最多的机型。其具有如下主要特点:

(1)磨辊直径相对于其他形式的磨辊大,滚动阻力小,物料的碾入条件好,有利于提高磨机出力和降低能耗。

(2)碾磨部件的作用力由静定支承系统传递,采用垂直加载方式,其碾磨力均匀地传递到每个磨辊上。因此磨盘和传动部件受力均匀,运行平稳,噪声小。碾磨压力不直接传给机架而传到基础上,使机体不受碾压载荷作用,不影响机体的密封性。

(3)磨辊轴位置固定,因此磨辊转动的行程等于磨盘转动的行程,不存在 E 型中速磨煤机与碾磨作用无关的碾磨件之间的相对运动,有利于提高碾磨效果,克服碾磨部件不必要的磨损;在单位时间内相同的碾磨长度情况下,ZGM 型中速磨煤机磨盘转速较低,减少了由于离心力和冲击力产生的振动。ZGM 型中速磨煤机的磨盘转速随磨盘尺寸加大而降低(大型磨煤机的转速一般为 25 r/min 以下),使其保持恒定的碾磨节圆切线速度。该切线速度对于所有 ZGM 型中速磨煤机约为 2.5 m/s。

(4)ZGM 型中速磨煤机能够在较短时间内改变工况,以适应系统生产需要;调节过程中可避免出现不稳定现象,为实现自动化控制供了理想条件。

(5)ZGM 型中速磨煤机不仅具有碾磨和分离的功能,同时还兼有干燥作用。热风通过喷嘴环形成喷射气流,与磨内物料相遇,达到干燥效果。500 ℃的高温热风在碾磨区以上 1 m 处迅速降温至 100 ℃左右,使水分很高甚至超过 20%的物料得到充分干燥,剩余水分一般仅有 0.5%～1%。

(6)ZGM 型中速磨煤机密封可靠,既能在正压工况下运行,又可以在负压条件下运行。

(7)ZGM 型中速磨煤机的辊套和磨盘上的衬瓦均采用耐磨材料,抗磨性好且易于检修和更换。磨盘直径较 E 型中速磨煤机小,故平面占地面积小,但高度要比 E 型中速磨煤机高。

(8)采用液压加载系统调节加载力,在不需要连续调整的情况下,对物料的特性和碾磨条件均具有较好的适应能力[4]。

1.2.2 中速磨煤机工作原理

各类中速磨煤机的工作原理相同,本书以 ZGM 型中速磨煤机(图 1-5)为代表进行介绍。原煤经落煤管进入旋转磨盘上的研磨环,三组相对运动的磨辊在弹簧力、液压力或其他外力作用下,将研磨环上的原煤挤压、碾磨成煤粉。煤粉被旋转磨盘甩出后在一次热风作用下进入锥形体区域,黄铁矿等难磨矿物质则落入杂物箱成为石子煤。在锥形体区域,煤粉在与一次热风的混合运动中被干燥。而锥形体上端的截面突然扩大致使风速降低,较粗颗粒将在重力作用下返回磨盘再磨;细颗粒煤粉则经由锥形体上部的折向挡板引流,切向进入煤粉分离器,在旋转气流作用下,煤粉颗粒进一步分级,合格煤粉经煤粉管道进入锅炉燃烧,粗颗粒则从煤粉分离器底部返回磨盘再磨[12-15]。

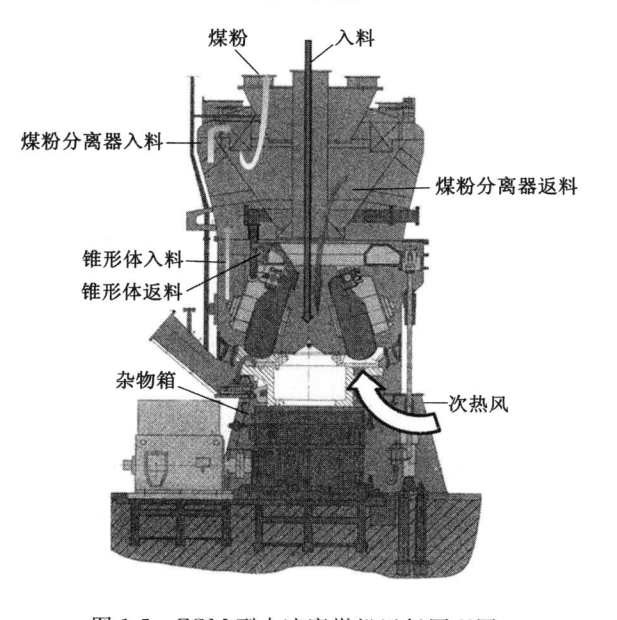

图 1-5　ZGM 型中速磨煤机运行原理图

中速磨煤机磨盘上待磨物料的组成相对复杂,包含了锥形体返料、煤粉分离器返料以及新鲜入料。由于细颗粒抵抗破碎的能力相对较高,故返回磨盘再磨的物料破碎至符合合格煤粉要求的细度将消耗更多的能量;粗细颗粒的混合料层还将减缓粗颗粒的破碎速率,降低细颗粒的生成速度。除此之外,中速磨煤机内巨大的风煤比导致一次热风所能携带的颗粒粒度上限远超合格煤粉细度。为确保锅炉燃烧效率,降低粗颗粒混入合格煤粉的概率,需严格控制煤粉分离器的分级粒度。在此情况下,煤粉分离器的分级粒度远小于合格煤粉的粒度上限,这导致部分大于分级粒度但满足合格煤粉细度要求的煤粉将返回磨盘再磨。此部分物料不仅增加了循环负荷和研磨能耗,还降低了研磨效率和磨机出力。

通常,煤炭在中速磨煤机磨盘上先后经历单颗粒挤压破碎和料层粉碎两个阶段,如图 1-6 所示[16]。粗颗粒煤炭首先在磨辊与颗粒以及颗粒与磨盘之间的摩擦力作用下被磨辊咬合。被咬合颗粒与磨辊及磨盘接触面的夹角为嵌入角,小于临界嵌入角所对应粒度的颗粒才能在磨辊与磨盘的挤压作用下碎裂。碎裂后的颗粒将在磨辊和磨盘之间形成床层,在磨辊的反复挤压研磨作用下粒度进一步降低[17,18]。此外,为确保磨机平稳运行,稳定的料床厚度是一个重要条件。入料粒度级配合理是确保料层厚度稳定的关键。入料粒度过小或细颗粒过多,料层将变薄,而平均粒径太大或大块物料过多时料层将变厚,这些都将导致磨机负荷上升。在中速磨煤机的结构设计中,磨辊在竖直方向的一定范围内能够自由升降,避免不能在一次挤压作用下粉碎的颗粒或硬度过大的颗粒所引起的磨机强振或加载系统破坏。一般,中速磨煤机入料粒度直径控制在 4%～5% 的磨辊直径[19-22]。

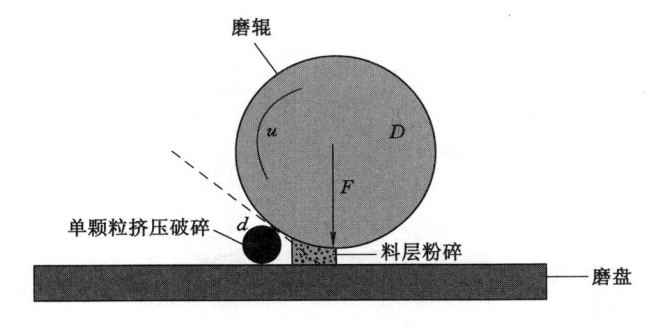

F—加载力;D—磨辊直径;d—颗粒直径;u—磨辊线速度。

图 1-6   中速磨煤机内煤炭被辊磨破碎过程示意图

1.3   本章小结

本章详细介绍了燃煤电厂配套中速磨煤机的两类制粉系统,即直吹式制粉系统和中间储仓式制粉系统,并对比分析了两类系统的优缺点。在阐述中速磨煤机的工作原理后,结合文献资料和统计数据,对比了 E 型、HP 型和 ZGM 型中速磨煤机在磨煤电耗、通风电耗、煤粉均匀性以及碾磨件使用寿命等方面的差异,结果表明,ZGM 型中速磨煤机的综合性能最优,并详细阐述了该类磨机的主要特点。

2　中速磨煤机内颗粒研磨和分级过程的研究现状

2.1　中速磨煤机内颗粒破碎的试验与理论

2.1.1　颗粒辊磨过程的试验研究

　　中速磨煤机的破碎作业发生在高温高压的封闭"黑箱"环境内,针对辊磨过程的研究面临着巨大的采样困难,导致无法开展对工业规模中速磨煤机研磨过程的直接研究。因此,目前国内针对中速磨煤机的研究多停留在运行特性及过程模拟仿真和控制,较少涉及磨煤机内颗粒破碎的基础研究。实验室研究方面,国际广泛应用的矿物破碎研究设备(邦德功指数测定仪、落锤试验仪及 JK 旋转碎矿仪等)与中速磨煤机研磨机理不同,研究适用性有待商榷。因此,针对中速磨煤机内颗粒破碎行为研究需采用与之具有相同研磨机理的设备以确保试验结论的可靠性。

　　鉴于此种差异,目前国内外学者多采用试验模拟中速磨煤机研磨过程的方法,借助哈氏可磨仪或其改进装置开展中速磨煤机内颗粒破碎的试验研究。20世纪 80 年代,美国宾夕法尼亚大学的 Austin 率先利用加装转矩传感器的哈氏可磨仪开展了针对 E 型中速磨煤机研磨过程的模拟研究[23],并在系统研究磨机参数对窄粒级物料破碎行为的基础上,建立了反映 E 型中速磨煤机运行过程的数学模型。该模型充分考虑到磨机内物料的分级和返回磨盘再磨的过程[24]。该研究还发现:半工业 E 型中速磨煤机研磨试验所获得的颗粒分布特性与哈氏可磨仪相似,基于哈氏可磨仪测定结果所建立的数学模型能够很好地预测半工业 E 型中速磨煤机的能量消耗和产物粒度特性[25]。20 世纪 90 年代,宾夕法尼亚州立大学 Heechan 博士利用哈氏可磨仪研究了 E 型中速磨煤机的料层粉碎特性,并利用经验破碎模型描述了料层粉碎中物料粒度减小过程[26,27]。此后,日本 Kure Research Laboratory 研究员 Sato 采用胎状研磨介质代替哈氏可磨仪中的球形介质,对比研究了 E 型和 ZGM 型中速磨煤机内颗粒的破碎特性。两种磨机的研磨试验表明:ZGM 型中速磨煤机的研磨效率较 E 型中速磨煤机高[28]。之后,作者采用扩大规则处理改进型哈氏可磨仪间断研磨试验中的能量消耗以反映工业型中速磨煤机的能耗水平,同时通过加入煤粉分离器分级过程的经验模型,最终建立了描述 ZGM 型中速磨煤机运行过程的数学模型[29]。哈氏可磨仪作为标准化设备,其操作参数均不可调,故所获得试验数据有限。基于此,德国克劳斯塔尔工业大学设计制造了加载力和磨盘转速可调的实验室规模的辊磨机,结构如图 2-1(a)所示,展开了两种不同煤样的变参数能量-破碎试验研究,同时简要分析了颗粒在挤压破碎过程中的受力情况[30]。

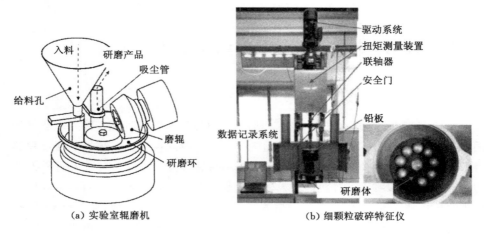

(a) 实验室辊磨机   (b) 细颗粒破碎特征仪

图 2-1 实验室辊磨机和细颗粒破碎特征仪

针对工业型中速磨煤机的系统研究,澳大利亚昆士兰大学 JK 矿物研究中心走在世界的前列。在国际合作项目"Efficiency Improvements in Coal Fired Utilities"中,该研究团队在世界范围内首次对工业运行的 E 型中速磨煤机进行开孔采样试验,所采集的物料包括磨机入料、锥形体入料和返料、煤粉分离器入料和返料、合格煤粉以及石子煤。在分析各节点物料性质基础上,通过质量平衡校正采集数据,用于模拟研究中速磨煤机内颗粒破碎、分级以及运行过程[31]。其中,Özer 博士结合工业采样数据和实验室挤压破碎试验,将物料的粒度与密度参量嵌入经典破碎模型,以描述物料在中速磨煤机内能量-粒度减小过程[32];Shi 为评价中速磨煤机中煤炭的破碎行为,同时弥补落锤试验仪和 JK 旋转测试仪无法准确表征细颗粒粉碎特性的缺陷,设计出细颗粒破碎仪。该仪器是在标准的哈氏可磨仪基础上,加装力矩传感器,结构如图 2-1(b)所示[33]。在窄粒度-密度物料破碎试验基础上,建立了描述产品细度参数 t_{10} 和能量的关系模型,并将粒度、密度等参数加入该模型中。借助 t_n 家族曲线,实现对不同性质物料及能量输入条件下破碎产品粒度分布的预测;此外,该模型还解释了煤炭的可磨性指数与破碎能耗间非线性变化的原因[34,35]。为揭示中速磨煤机内连续复杂的研磨分级过程,Shi、Kojovic等建立了包括磨机能耗预测、能量-粒度破碎模型、破碎产物粒度模型以及锥形体和煤粉分离器分级的子模型。模型中既涵盖物料性质,也将设备参数如磨机和煤粉分离器几何尺寸、入料速度、一次风速、温度、压力、磨盘转速和加载力等嵌入其中[36]。结合国际合作项目中不同类型磨机的采样数据,在模型校验的基础上分别实现对E型、ZGM型和CKP型中速磨煤机研磨和分级过程的预测,发现一次风速对磨机操作的显著影响,并揭示子模型参数与一次风速的关系[37]。

中国矿业大学化工学院何亚群课题组作为该项目在中国的执行单位,先后在陕西榆林能源集团能源化工有限公司自备电厂、江南小野田水泥有限公司完成对E型以及CKP型中速磨煤机的采样试验;与北京电力设备总厂有限公司合作,对江苏徐塘发电有限责任公司的ZGM95型中速磨煤机进行开孔改造,设计并制造给煤机、煤粉分离器入料和返料的采样工具。左蔚然博士在徐塘发电有限责任公司采集数据基础上,根据质量平衡原理、Whiten分级效率曲线公式和Rosin-Rammle分级效率曲线建立磨机内锥形体和静态分离器的分级效率数学模型;结合中速磨煤机研磨区域数学模型,实现对动态运行磨机回路各节点煤流的粒度分布、流量以及磨机功率的预测[38,39]。

为更好地分析工业型中速磨煤机的破碎性能并预测磨损规律,北京电力设备总厂有限公司、沈阳重型机械集团有限责任公司、德国鲍利休斯公司、莱歇(Loesche)集团等专门制造半工业型磨机系统;而澳大利亚昆士兰大学JK矿物研究中心、德国矿物加工过程机械研究所等科研单位也配备中试磨机系统,各种半工业型中速磨煤机试验系统如图2-2所示,以完成对实验室研究成果的校验、修正以及扩大[40-42]。

图 2-2　德国矿物加工过程机械研究所、鲍利休斯公司
以及北京电力设备总厂的半工业型磨机系统

2.1.2 中速磨煤机破碎过程的数值模拟研究

除利用试验设备研究高温高压、处于"黑箱"状态下的中速磨煤机破碎过程外,依托软件的模拟研究也可轻松摆脱复杂环境对破碎细节研究的限制。英国皇家工程院院士、美国工程院院士 Cundall 于 1971 年首次提出离散元素法(DEM),并将其成功地应用于岩土力学的研究。经过 40 多年的不断深入研究与发展,DEM 已逐步在地球物理、矿物工程、土木工程等领域被用于模拟颗粒系统和粉体中的粒子流动、分析颗粒的剪切效果和颗粒的填充等性质[43-45]。其中 DEM 针对各类磨机的模拟研究日趋完善。澳大利亚联邦科学与工业研究组织(CSIRO)的 Powell 和 Cleary 将离散元素法与其他数值方法相结合,在机理建模、统一破碎模型以及虚拟粉碎设备研究等方面做了大量工作,以更好地理解封闭半/自磨机内的破碎过程[46-51]。通过编码 DEM 模型中的颗粒接触模型、组合模型以及能量记录模型等,完成对半/自磨机、球磨机、颚式破碎机、塔磨机等设备内颗粒冲击破碎、表面磨剥、能量损耗及效率问题的模拟研究[52]。但由于针对料层粉碎过程的 DEM 模拟需要一个能够预测活动磨辊对不同料床条件反应的机械耦合模型,而中速磨煤机内磨辊可绕其中心旋转,煤层厚度的变化还将引起磨辊位置的上下波动,这些最终导致中速磨煤机内非受限的料层粉碎过程的模拟研究面临较大的挑战。就中速磨煤机而言,目前的 DEM 模拟研究大多建立在简化磨机结构基础上,对料层粉碎问题进行分析和讨论。Cleary 所建立的模型结构如图 2-3 所示,模拟使用简单的 DEM 接触力模型[53]。研究发现中速磨煤机中冲击破碎能量仅占总破碎能量的 35%,剪切能耗达到 65%[54]。个人分析认为,较高比例剪切破碎能量的产生是因为磨辊与磨盘的中轴线交点位于磨盘中心上部,而并非磨盘中心,如图 2-4 所示。磨盘是在磨辊摩擦力带动下旋转,因此两者具有相同的线速度。磨辊中轴线未穿过磨盘中心,故将受到离心力的作用有沿磨盘径向向外运动的趋势,最终导致由相对滑动所引起的剪切能耗比例偏高。而对采用了液压加载系统的中速磨煤机而言,磨辊在液压加载力沿磨盘径向分力及离心力作用下保持位置不变,两者的综合作用致使磨辊产生径向磨损,最终产生如图 2-5 所示的"犁划"磨辊[55],从而进一步增加了剪切破碎能量的消耗。

除离散元素法外,有学者还采用有限元法(FEM)用于单颗粒破碎过程的模拟研究。清华大学周元德教授采用 FEM 与光滑质点流体动力学(SPH)耦合的方法,结合损伤-塑性材料模型研究均质化的立方体煤粒在中速磨煤机作用下单个颗粒复杂的变形和失效行为;同时利用改进后的合并寻找算法对破碎产物粒度分布进行表征,最终分析了各个参数对煤粒破碎效率的影响[56]。同时,该研

图 2-3　立式辊磨机 DEM 模拟结构模型

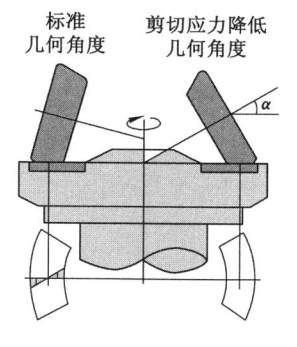

图 2-4　标准及剪切效应减弱的磨辊几何结构

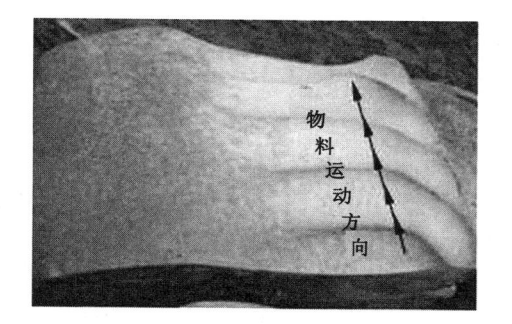

图 2-5　磨辊的"犁划"磨损现象

究团队还设计制造了小型中速磨煤机试验系统用于模拟研究工业磨机内煤炭的破碎过程[57]。试验系统中包含完善的调节控制和监测设备,系统结构如图 2-6 所示。

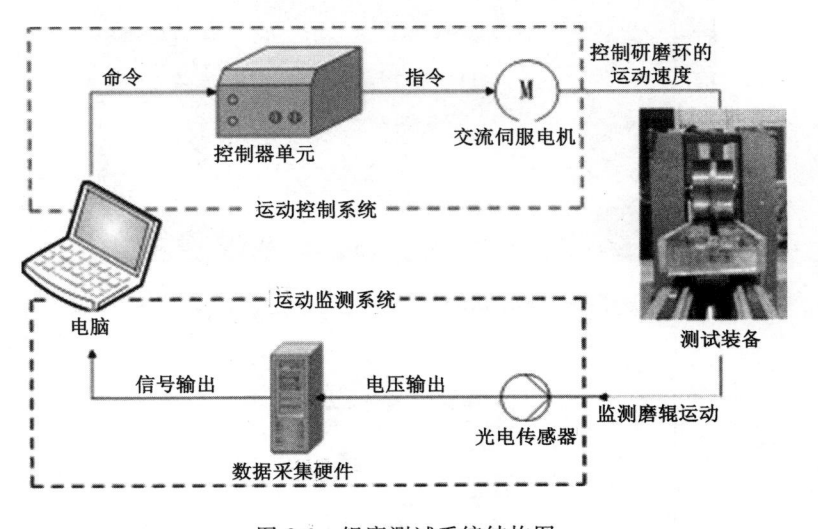

图 2-6　辊磨测试系统结构图

2.1.3　多相混合破碎过程的研究

世界著名的选矿学者 A. F. 塔加尔特认为"磨矿在选矿厂的主要任务是将矿物原料粉碎,以使有用矿物大部分得以从脉石中解离出来"[58]。由此可见,解离矿物是磨矿的首要任务。此外,作为实现矿物粒度减小的重要手段,破碎环节在燃煤电厂煤粉制备、水泥熟料磨制、制药、选煤和选矿等领域不可或缺。待磨物料成分(多种伴生矿物且嵌布粒度不同)和粒度组成的复杂性致使磨矿环境一直处在非均质化的状态。料层中物料性质的差异将影响各类物料间破碎能量的分配,进而引起连续破碎作业中物料破碎行为的差异。由于封闭磨机内的混合破碎中存在各相难以区分和跟踪的问题,因此针对此类问题的研究多采用具有不同硬度和密度的纯矿物多比例混合破碎的方法,以实现模拟研究的目的。不同硬度矿物的破碎程度不同,而依据各组分间密度的差异容易实现对破碎产物中各物料的分离,进而获得不同矿物破碎产物的粒度组成。Holmes 等率先研究了连续性破碎中石英和石灰岩混合物的破碎行为[59,60]。随后,美国加利福尼亚大学 Fuerstenau 团队展开球磨机及高压辊磨机内的多相混合破碎研究[61,62]。不同体积比的石英、白云石和赤铁矿的混合破碎试验表明,混合物中各相体积分数的变化并未对各组分破碎产物的粒度分布曲线产生显著影响,并发现简化后的破碎速率函数不随破碎时间和环境的改变而变化[63]。在此基础上,混合破碎中某组分的破碎速率可由式(2.1)计算:

$$s_1 = s_1^E (P/m_p) \qquad (2.1)$$

式中,s_1 为入料的破碎速率,s^{-1};s_1^E 为简化后的破碎速率函数;P 为磨机功率,W;m_p 为入料质量,kg。

在混合破碎中,上述模型建立了输入能量与产品粒度之间的关系。作为一个重要的模型基础,Fuerstenau 和 Kapur 等在后续同粒级不同矿物以及相同矿物不同粒级之间的混合破碎中,逐渐构建基于初始粒级破碎速率和细颗粒生成速率的数学模型,用于表征混合破碎中各组分间的能量分配问题,揭示各组分在混合破碎中破碎行为的变化等[64,65]。作为模型计算的基础,各组分在混合破碎中需满足能量平衡方程,即:

$$E_m = m_1 S_1 E_{1a} + m_2 S_2 E_{2a} \qquad (2.2)$$

式中,E_m,E_{1a} 和 E_{2a} 分别为混合破碎以及组分 1 和 2 在单独破碎时所消耗的单位能量,kW·h/t;m_1 和 m_2 分别为组分 1 和 2 在混合物中的质量分数,%;S_1 和 S_2 分别为组分 1 和 2 在混合破碎中的能量分配因子。

对破碎速率不变的混合破碎过程,各相的能量分配因子可由式(2.3)计算:

$$S_1 = s_{1m}/s_{1a} \qquad (2.3)$$

式中,s_{1m} 为混合破碎中,组分 1 的破碎速率,s^{-1};s_{1a} 为组分 1 在单独破碎时的破碎速率,s^{-1}。

而对破碎速率随时间变化的混合破碎过程,各相的能量分配因子则由式(2.4)计算:

$$S_1(t) = \ln[M_{1(1m)}(0)/M_{1(1m)}(t)]/\ln[M_{1(1a)}(0)/M_{1(1a)}(t)] \qquad (2.4)$$

式中,$S_1(t)$ 为时间 t 时组分 1 的能量分配因子;$M_{1(1m)}(0)$ 和 $M_{1(1m)}(t)$ 分别为混合破碎初始阶段及时间 t 时组分 1 的百分含量,%;$M_{1(1a)}(0)$ 和 $M_{1(1a)}(t)$ 分别为组分 1 单独破碎初始阶段和时间 t 时的百分含量,%。

此外,Kapur 还建立了基于细颗粒生成速率的能量分配因子计算模型:

$$S_1^y = y_{i(1m)}/y_{i(1a)} \qquad (2.5)$$

式中,S_1^y 为组分 1 基于细颗粒生成速率的能量分配因子;$y_{i(1m)}$ 为混合破碎中小于粒度 i 的组分 1 的生成速率,%/s;$y_{i(1a)}$ 为单独破碎中小于粒度 i 的组分 1 的生成速率,%/s。

能量分配研究表明:混合破碎中硬矿物的单位破碎能量要高于单独破碎,而较软矿物则表现出相反的规律。此外,针对破碎环境中细颗粒无法及时排出而影响粗颗粒粉碎行为的问题,该团队采用相同矿物的粗细颗粒不同比例混合的模拟研究方法[66]。研究证明粗颗粒破碎速率随着细粉含量的增加而增加,细颗粒生成速率也呈现相同规律,但粗颗粒破碎产物粒度累积曲线并非因细颗粒含量的增加而发生较大的变化。这主要是在该混合破碎体系内粗颗粒所分配的能量也呈现增加趋势导致的[67]。除上述方法计算混合破碎中的能量分配因子之外,土耳其 Ipek 博士利用改进后的 Charles 能量粒度减小模型分析了水泥原材料-石英、高岭土和长石三相混合破碎中的能量分配问题[68]。与前述建立在混合破碎中各相破碎产物粒度分布相似基础上的能量分配问题讨论不同,澳大利亚昆士兰大学 JK 矿物研究中心的 Shi 采用重复迭代的方法计算了球磨机内多粒级混合阶段性破碎中各窄粒级所分配的能量[69,70]。

但受研究所采用试验物料的限制,上述结论是否适应其他种类矿物的破碎尚需讨论;由于不同破碎设备间研磨机理的差异,建立在球磨机内多相混合破碎中的能量分配因子计算模型不能机械地直接用于以料层粉碎方式为主的中速磨煤机。在此方面,宾夕法尼亚州立大学 Heechan 博士利用哈氏可磨仪模拟研究了料层粉碎中两种不同硬度的窄粒级物料的混合破碎行为[71]。研究证实破碎环境对物料破碎速率的影响:软硬矿物的初始粒级破碎速率分别增加和减小;硬矿物破碎产物的粒度组成几乎不受软矿物的影响,但软矿物则生成更多的细粒产物。Austin 和 Bagga 利用哈氏可磨仪研究了质量比为 1∶1 的粗(−1+0.85 mm)细(−0.074 mm)混合破碎中粗颗粒的破碎行为,结果表明细颗粒的缓冲作用致使粗颗粒的破碎速率下降[72]。虽然上述在哈氏可磨仪中进行的多相混合破碎研究考察了各相破碎行为的改变,但直接导致其变化的能量分配问题却未予以讨论。

2.1.4　中速磨煤机内颗粒破碎的数学模型

有关颗粒破碎过程的理论研究已开展数十年,虽然各类破碎设备间存在研磨机理的差异,但通过相关试验研究而优化改进的数学模型依然可以用于不同破碎设备破碎过程。Campbell 和 Sligar 针对中速磨煤机的破碎和分级建立了一系列的矩阵数学模型,用以表达破碎函数、选择函数和分级函数。然而,这些矩阵函数的推导过程并不明晰,且仅适用于稳态状况。破碎与选择矩阵基于新生成子颗粒的破碎行为与原物料保持高度一致的假设,矩阵形式均为下三角矩阵[73,74]。但矿物学研究表明:颗粒抵抗破碎的能力随粒度减小呈增加趋势[75]。受此作用,不同粒级颗粒的破碎行为有所差异。因此,下三角形式的破碎和选择矩阵多适用于描述纯矿物的破碎过程。土耳其哈西德佩大学 Deniz 研究不同破碎过程对颗粒破碎速率的影响,并在料层破碎理论的基础上推演出表征细颗粒破碎过程的模型[76]。此外,颗粒在破碎作用下粒度降低,所以作为矿物破碎研究的重要组成部分,物料粒度分布特性的表征也是科研人员研究的重点。在对破碎过程进行数学建模的基础上,结合粒度分布特性方程,即可实现直接由破碎参数到粒度特征的预测。

在粉磨作业中,被粉磨物料的粗级别含量随着粉磨时间的增加而减少。1937 年,B. B. Ausdkid 根据破碎速度(粗级别含量减少的速度)与瞬间粉磨设备中未粉碎的粗级别含量成正比的假定[77],得出:

$$\mathrm{d}R/\mathrm{d}t = -k_t \tag{2.6}$$

式中,R 为粉磨 t 时间后粗级别残留物的质量,g;t 为破碎时间,s;k_t 为粉磨常数,决定于粉磨条件。此后,他凭借经验将上述公式修改为:

$$R = R_0 \cdot \mathrm{e}^{-k_t \cdot t^{n'}} \tag{2.7}$$

式中,R_0 为初始物料的百分含量,%;n' 为指数。

经典粉磨动力学揭示了某一级别粗物料在粉磨过程中如何减少的规律。但是实际上粉磨处理的物料不可能是单一粒径,而是由不同粒度组成的混合物,粉磨产生的也是具有一定粒度范围的粒径较小的产品。在粒度减小过程中,不仅需要知道某一粒级的变化,而且更需要知道整个不同粒级的变化。

1948 年,Epstein 提出两个破碎参数的概念[78,79]。① 选择矩阵 S:某一粒度级别的颗粒按单位质量计算以怎样的速度变小消失。其物理含义是某一粒级的颗粒只有一小部分颗粒被选择去破碎,而余下的部分只是简单的通过,并没有发生粒度减小的变化。② 破碎矩阵 B:某一粒级颗粒粉碎后落入比原来小的各粒级间隔内的分配比例。

1956 年,Broadbent 和 Callcott 首次利用选择和破碎矩阵分析设备内颗粒的破碎和分级过程[80-82]。物料中被破碎颗粒的产品粒度分布符合破碎矩阵,而未被选择破碎的颗粒仍保持原粒度,此过程可被描述为式(2.8):

$$p = (B \cdot S + I - S) \cdot f \tag{2.8}$$

式中,f 和 p 分别为入料和破碎产品的质量流量,t/h;B 为破碎矩阵;I 为单位矩阵;S 为选择矩阵。

此后,Lynch 将分级矩阵也纳入该模型,用于描述颗粒破碎和分级的连续过程[83],如式(2.9):

$$p = (I - C) \cdot (B \cdot S + I - S) \cdot [I - C \cdot (B \cdot S + I - S)]^{-1} \cdot f \tag{2.9}$$

式中,C 为分级矩阵。

除矩阵模型外,动力学模型也被用来表征颗粒的粉碎过程。Austin 将一个简易的间断性破碎设备比作混合充分的反应容器,容器内质量为 W 的物料将受到破碎作用[84,85]。对窄粒级物料而言,颗粒的消失过程符合一级动力学过程,即:

$$w_1(t) = w_1(0)\exp(-s_1 \cdot t) \tag{2.10}$$

式中，$w_1(t)$ 和 $w_1(0)$ 分别为 t 时刻和破碎开始阶段初始粒级的百分含量，%；t 为破碎时间，s；s_1 为破碎速率，s^{-1}。

通过多时间批次的窄粒级物料破碎试验，可以获得在全粒级物料破碎过程的数学模型。该破碎过程将符合粒度质量平衡关系式 SMB(size-mass balance equation)，即在整个粉磨过程中，粒度 i 增加的速率等于所有大颗粒破碎产生的粒度 i 的总量减去 i 粉碎成较小颗粒的速率。亦即：

$$\mathrm{d}[m_i(t)]/\mathrm{d}t = -s_i m_i(t) + \sum_{j=1}^{i-1} b_{ij} s_j m_j(t) \tag{2.11}$$

式中，m_i 和 m_j 分别表示粒度 i 和 j 在总颗粒质量中的质量分数，%；s_i 和 s_j 分别表示粒度 i 和 j 的单位破碎速率，s^{-1}；b_{ij} 表示粒度 j 粉碎至粒度 i 的质量分数，%；t 为破碎时间，s。

与上述模型所描述的间断性破碎过程相比，物料在中速磨煤机内处在连续破碎的过程，并且中间还伴有锥形体和煤粉分离器的一次和二次分级作用，如图 2-7 所示。但是目前矩阵模型还仅限于描述中速磨煤机内的破碎环节如式 (2.12) 所示。

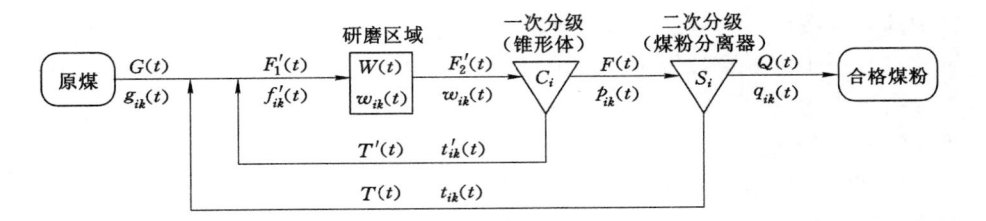

图 2-7　中速磨煤机内颗粒连续的破碎、分级过程流程图

$$\mathrm{d}\{w_{ik}(t)w(t)\}/\mathrm{d}t = F_1{}'(t)w_{ik}(t) - F_2{}'(t)w_{ik}(t) - s_{ik}(t)w_{ik}(t)W(t) +$$
$$\sum_{j=1}^{i-1} s_{jk}(t)b_{ijk}w_{jk}(t)W(t) \tag{2.12}$$

式中，$F_1{}'(t)$、$F_2{}'(t)$ 和 $W(t)$ 均为磨盘上煤粉的质量流量，t/h；$s_{ik}(t)$ 和 $s_{jk}(t)$ 分别指可磨性指数为 k，粒度为 i 和 j 的颗粒在时间 t 的破碎速率，s^{-1}；$w_{ik}(t)$ 和 $w_{jk}(t)$ 分别为可磨性指数为 k，粒度为 i 和 j 的颗粒在时间 t 的破碎产物粒度分布；b_{ijk} 指粒度为 j，可磨性指数为 k 破碎至粒度为 i 的百分含量，%。通常，该破碎矩阵可由式(2.13)计算求得。

$$b_{ij} = B_{ij} - B_{i+1,j} \tag{2.13}$$

$$B_{ij} = \varphi_j \cdot (x_{i-1}/x_j)^\gamma + (1 - \varphi_j) \cdot (x_{i-1}/x_j)^\beta \tag{2.14}$$

式中,B_{ij} 指粒度为 j 的颗粒破碎至小于粒度为 i 的颗粒的百分含量,%;x_{i-1} 和 x_j 分别为粒度间隔 $i-1$ 和 j 的几何平均粒度,mm;φ、γ 和 β 均为模型参数。

通过不同窄粒级入料的破碎试验,从各粒级物料的初次级配图中读取或返算各参数,可以求出 B_{ij},进而获得 b_{ij}。对中速磨煤机内连续的破碎分级过程而言,式(2.12)不仅未能包含颗粒一次和二次分级过程,还存在着以下三方面问题:① 模型求解复杂。倘若模型中的 $s_{ik}(t)$ 和 b_{ijk} 不变,则可能求得其 Reid 分析解;但通常情况下上述两个参数不变的情况是很少的,一般都会随粉磨条件和粉磨进程而变化,这样,其解就变得非常复杂,Reid 解将不能成立。② 对于连续性破碎过程的描述,该矩阵模型中缺少颗粒在磨盘上的停留时间。③ 该矩阵模型更适合描述产品粒度相对较粗的破碎过程,而中速磨煤机的研磨产品粒度较细,大部分颗粒都小于 90 mm 且模型中含有多达 11 个参数,应用不方便。

由于矩阵模型在描述中速磨煤机内颗粒粉碎过程的局限,基于破碎过程中能量消耗以及外力破碎矿石时所做功的理论逐渐得到发展和应用。一般而言,物料破碎是沿着最脆弱的断面裂开的。随着物料粒度的减小,物料变得越来越坚固。因而,破碎较小的物料时,消耗的能量就较多。目前,公认的破碎理论有三种假说:面积假说、体积假说和裂缝假说[86]。试验研究证实:粗碎时新生表面积不多,体积假说较为准确,裂缝假说结果不可靠;细碎时(破碎至 10 μm 以下)裂缝假说求得的数据过小,此时新生表面积增加,表面能是主要的,面积假说较为准确;在粗碎和细碎之间的广泛范围内,裂缝假说较为适用。但裂缝假说是基于颗粒在邦德球磨机、棒磨机或者专用双摆式冲击试验机上的破碎结果,相关设备与中速磨煤机的破碎过程不同,且目前尚无直接采用邦德功耗模型用于中速磨煤机能量-粒度减小过程的报道。因此,澳大利亚昆士兰大学 JK 矿物研究中心建立了描述矿物粒度减小程度与输入能量之间关系的破碎模型,并逐渐将其发展用于描述中速磨煤机内的颗粒粉碎过程。该模型包含颗粒细度参数和输入能量,在过去几十年中广泛应用于各类磨机的设计、选型。该经典破碎模型如下所示:

$$t_{10} = A \cdot (1 - e^{-b * E_{cs}}) \tag{2.15}$$

式中,t_{10} 指破碎产物中小于十分之一的入料几何平均粒度的百分含量,%;E_{cs} 为单位破碎能量,kW·h/t;A 和 b 为矿物破碎模型参数,通过落锤试验获得。

在矿物落锤试验基础上确定模型参数 A 和 b 后,结合输入能量即可获得破碎产物细度 t_{10};在此基础上,结合 t_{10} 和 t_n 关系曲线(图 2-8),即可反推出整个破碎产品的粒度分布特征。目前在工业实践中,$A \cdot b$ 已被广泛用于表征颗粒的硬度。$A \cdot b$ 越大,表明矿物越容易被破碎。

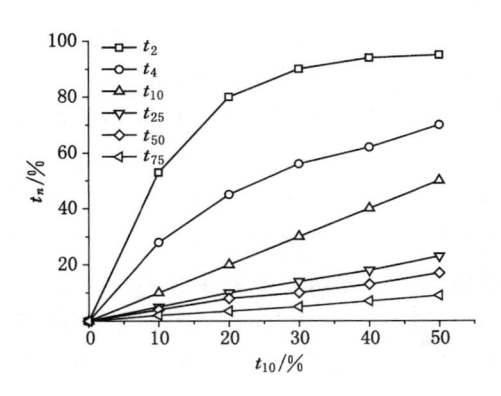

图 2-8　t_{10} 和 t_n 的关系曲线

由于经典破碎模型结构相对简单,未包含颗粒的性质。Shi 和 Kojovic 在结合 Vogel 和 Peukert 的破碎概率模型基础上,开发了一种描述颗粒粒度减小指标与矿物性质、颗粒粒度及累积单位破碎能量之间的磨碎模型[87]:

$$t_{10} = M \cdot \{1 - \exp[-f_{\text{mat}} \cdot x \cdot k \cdot (E_{\text{cs}} - E_{\text{min}})]\} \qquad (2.16)$$

式中,M 为 t_{10} 所能够达到的极限值,%;E_{min} 指实现颗粒破碎的临界能量值,kW·h/t;f_{mat} 是指矿物的破碎性质,kg/(J·m);x 是指颗粒的初始粒度,mm;k 为单次破碎事件中连续发生的破碎次数。

此后,Shi 在装载力矩传感器的哈氏可磨仪上进行不同窄粒度-密度物料的破碎试验,在数据回归分析确定参数影响权重基础上,将颗粒的密度参数嵌入破碎模型中,模型如下所示[34]:

$$t_{10} = [M/(RD/RD_{\text{min}})^c] \cdot \{1 - \exp[-f_{\text{mat}} \cdot x \cdot E]\} \qquad (2.17)$$

式中,RD 为颗粒的相对密度,g/cm³;RD_{min} 为样品的最低相对密度(煤取 1.25 g/cm³);c 是决定曲线位置的参数。Shi 在充分讨论冲击式破碎设备与中速磨煤机间研磨机理差异的基础上,将模型(2.17)用于描述不同粒度和密度的窄粒级煤炭在中速磨煤机中的粉碎过程,并作为一个重要的子模型用于对 ZGM 型、E 型和 CKP 型中速磨煤机运行过程的模型化中。

2.1.5　中速磨煤机在其他领域内的应用研究

除燃煤电厂制粉外,中速磨煤机还被广泛应用于金属矿物破碎、水泥制备及高炉喷吹的制粉环节,针对用于上述应用领域的中速磨煤机也进行了较多的研究。中国矿业大学匡亚莉等利用水泥厂工业生产过程在线采集的样品,在粒度、可磨性、硬度分析基础上,对中速磨煤机的磨矿过程进行了数学模拟。通过采用矩阵形式的破碎函数和选择性函数,较好地表达了磨矿过程中物料碎裂概率和产品粒度分布[88]。德国矿物加工过程机械研究所利用加装多组传感器及测量装置的半工业型莱歇磨进行铁矿的破碎试验。试验分别采用两组不同品位的铁矿,利用矿物参数自动定量分析系统处理后的数据评价矿物解离与粒度的关系;研究采用试验设计软件并辅之以回归分析方法明确磨机系统各参数对产品细度、解离度、能耗等的影响,并最终确定经济细度[40]。武汉化工学院江旭等利用自制的模拟中速磨煤机研磨过程的试验装置对其粉磨特性进行研究。试验结果表明粉磨特性与加料量、加料粒度、磨辊压力和磨辊形状等参数关系密切[89]。德国莱歇公司的半工业试验则表明,与传统破碎设备相比,莱歇磨机破碎后的矿物细颗粒在后续分选作业中可获得更高的精矿品位和回收率[90]。武汉工业大学柴星腾在当代粉碎动力学模型基础上,借助实验室辊磨机的破碎试验,将所获得的选择性函数和破碎函数参数代入粉碎动力学模型,实现对工业辊磨机产品粒度的预测[91]。土耳其哈西德佩大学利用莱歇磨机进行铜矿的破碎试验,结果显示与传统磨矿回路相比,在相同产品细度前提下莱歇磨机的磨矿能耗节省18%,且磨辊磨损较少,每年可节约成本2.2%[92]。

　　除上述行业外,中速磨煤机还广泛用于水泥原料及其熟料的磨制。中国矿业大学魏华博士研究了水泥熟料经CKP型中速磨煤机破碎前后的特性变化。在粒度分析和质量平衡计算的基础上,对磨机内部动力学行为和循环负荷进行数值分析计算研究,建立了水泥熟料闭路系统循环负荷与循环倍率的非线性模型[93,94]。同时,采用CKP型中速磨煤机能耗的离散数据建立最优化模型,获得破碎水泥熟料的能耗分形模型[95]。中国矿业大学卓金武对水泥厂磨矿过程进行数学模拟,以提高磨矿生产率和降低能耗为目标,建立磨矿参数优化控制的数学模型并给出求解算法[96]。

　　除上述中速磨煤机内颗粒研磨过程研究外,中国矿业大学王帅博士在分析磨机循环物料性质基础上,从节能减排角度出发,将流化床干法分选技术引入电厂磨煤制粉过程,围绕燃煤电厂磨煤机返料中黄铁矿等高密度、高硬度矿物质组分的去除,开展了振动流化床分选0.5 mm以下粒级物料的相关基础研究[97,98]。通过磨机返料和模拟物料的连续分选试验,结合颗粒运动力学模型和数值模拟,证明了振动流化床分选磨机返料的可行性[99]。

2.2　中速磨煤机内颗粒分离过程的研究现状

2.2.1　中速磨煤机煤粉分离器的试验与理论研究

　　煤粉分离器是实现煤粉按其颗粒大小进行分离的设备。其理想性能是将小于一定粒度的煤粉分离为合格产品并随热一次风直接进入炉膛燃烧;而把大于一定粒度的煤粉从混合物中分离,并返回磨盘上再磨。煤粉分离器对煤粉细度具有一定的调节能力,在中速磨煤机运行过程中,当煤种、磨煤机出力或通风量变化时,通过调节煤粉分离器挡板开度以及磨机本身运行参数,即可改变煤粉细度,从而提高制粉系统运行的经济性和锅炉的燃烧效率。

煤粉分离器的分选效果对整个磨煤制粉环节有重要影响,该方面也是国内外学者研究的重点。其中挡板开度和风速调节是直接影响煤粉分离器分离指标的重要因素。在静态分离器中,轴向布置的挡板通过改变气流在垂直面的方向,使煤粉达到有效的分离。Bernotat 研究表明,叶片角度超过 60°时,颗粒与叶片的撞击不利于产生合适的切向速度。因此,煤粉分离器的分离粒径随着叶片角度增加而先减小后增加[100]。Brundiek 发现,改变叶片角度会使颗粒的切向速度增大,分离粒径减小,尤其是当叶片角度为 60°时,切向速度是轴向速度的 1.7倍[101]。Parham 等将烟雾通入实验室静态煤粉分离器,调节叶片角度,研究分离器内部流场性质。运用三维多普勒激光风速仪测定煤粉分离器内部流速,定量描述煤粉分离器内部空气动力学特征。结果表明,叶片角度对煤粉分离器内部各位置的切向速度有较大影响,而对轴向和径向速度的影响可以忽略不计。他们认为速度的切向分量与叶片角度成正比,所以增加叶片角度也可提高分离效率[102]。

在气流速度对煤粉细度、煤粉分离器效率的影响方面,Conroy 等根据中试试验结果发现,当煤粉分离器其他条件固定时,风速降低会使研磨区域内 SiO_2 的中间粒径减小。在风煤比为 3∶1 和 2.5∶1 时,研磨区域的 SiO_2 含量和煤粉分离器入料随煤粉分离器叶片角度的减小而增加[103]。Singh 等固定了叶片角度,改变一次风风速进行研究,发现一次风风速控制着整个分离过程[104]。

动态煤粉分离器的应用源自 1885 年,其分离粒度范围可达 300 μm 至次微米。动态煤粉分离器通过动叶轮的转动带动煤粉气流旋转,在正常运行时产生的离心加速度约 8～10g,在最大转速时可达 23g。因此它主要是通过离心力来进行分离的,可达到更高的分离效率,近几年逐渐成为研究和改造的热点。Bernotat 的试验证明,动态煤粉分离器可满足更细的分离粒径要求,且导向挡板对分离精度也有一定作用[100]。Onuma 等分析认为,在静态煤粉分离器中,处理量的增加靠增大风速实现,从而导致煤粉分离器入料较粗,挡板角度只能在一定程度上控制煤粉细度;而在动态煤粉分离器中,风速增加后可通过增大转子转速来降低煤粉细度[105]。Barranco 等通过试验发现,采用高性能的动态煤粉分离器可改善煤粉的粒度分布,明显提高燃烧效率,未燃尽碳量、CO、微粒和气体的排放量均明显减小[106]。

孔文俊等首先从理论和模化试验两个方面研究了旋转煤粉分离器的阻力特性,并探究和分析了阻力与转速、流量和给料浓度的关系。然后根据气固两相流动近似模化原理,设计试验平台,研究了桨叶式、斜叶氏和静动叶片组合式三种不同结构型式转子的煤粉分离器分离特性。根据受力分析和理论推导,利用离心分离和碰撞分离原理,提出了静动叶片组合式旋转煤粉分离器的设计思想,对不同的静动叶片安装方向进行了初步试验研究,结果表明合理的静动叶片安装方向和正确的转子旋转方向、旋转速度以及适宜的静动叶片安装角度、叶片宽度是组合式旋转煤粉分离器取得好的分离效果的关键[107-109]。解其林对 ZGM 型中速磨煤机静态挡板式煤粉分离器进行改造,在其原有基础上增加了转子动叶轮,以使带粉气流旋转,加大煤粉分离过程中的离心力作用。经改造后发现,煤粉细度调节性能、煤粉均匀性指数和煤粉分离器分离效率均有所提高,中速磨煤机差压减小且出力提高,中速磨煤机制粉电率减小[110]。叶如祥等对 ZGM 型中速磨煤机进行煤粉分离器改造。新型静态煤粉分离器采用固定叶片分离结构和流道设计,使进入煤粉分离器的风粉混合物经历 2 次分离,最大限度地缩短了风粉混合物在煤粉分离器中的流动路径和停留时间。改造后,风粉混合物通过煤粉分离器的峰值速度降低,中速磨煤机平均制粉单耗大幅降低,中速磨煤机平均差压明显下降,煤粉细度及煤粉均匀性均有所改善,一次风母管压力降低,风机失速问题得以解决,制粉系统的经济性和安全性显著提高[111]。王承亮等在保证合理煤粉细度和煤粉均匀性指数的基础上,研究了煤粉分离器挡板开度及中速磨煤机料位、出力等对其电耗的影响规律,并提出提高制粉系统经济性的优化运行方案[112]。孙培波将新型的 S 型静态煤粉分离器成功应用在 ZGM113G 型中速磨煤机上,并进行性能分析,结果表明 S 型静态煤粉分离器在降低煤粉细度及制粉系统电耗、提高中速磨煤机出力方面能起到非常显著的效果。相比较于改造前,S 型静态煤粉分离器应用后,煤粉细度明显降低 0.08%;煤粉均匀性指数 n 由改造前的 1.14 提高至 1.35;通风阻力降低约 0.90 kPa,可增大中速磨煤机出力;制粉单耗显著降低,尤其在中速磨煤机低出力状态下,S 型静态煤粉分离器改造后,制粉单耗降低量可达 6.00 kW·h/t[113]。

2.2.2 煤粉分离器颗粒分离过程及流场的数值模拟

由于煤粉分离器加装在中速磨煤机高温高压的封闭空间之内,分离器入料、溢流和底流样品无法采集导致针对其运行过程的试验研究面临巨大困难。随着科学技术的发展,对于颗粒在气固湍流场的运动,采用计算流体动力学(CFD)进行数值模拟的方法,便于了解流场分布和颗粒运动情况。同样国内外学者多采用数值模拟的方法,结合运行参数和合格煤粉的采样分析,开展针对煤粉分离器的基础研究。

Bhasker 采用 CFD 对电厂的中速磨煤机的内部两相流进行模拟,对磨机内部空气流线、静压分布、速度矢量和 25 μm 煤粒运动轨迹进行了初步探索[114]。Vuthaluru 等用 CFD 研究了煤粉分离器内部的多相流场,比较了不同挡板角度情况下,煤粉分离器内部空气动力学特征[115,116]。Benim 等用二维模型模拟了煤粉分离器中的气固流场,着重研究了颗粒对流场的影响[117]。澳大利亚科廷大学的 Shah 等采用 CFD 模拟在不同挡板开度条件下,磨机内部颗粒的运动速度及煤粉分离器分级效率情况[118]。Karunakumari 等研究了叶片转速对分离粒径的影响[119]。Eswaraiah 等发现转子转速对分离效率有影响,并且更高的转速可获得更细的分离粒径[120]。宋斐等人以煤粉分离器为研究对象,采用 CFX TASC Flow 软件包,数值模拟冷模试验和实际设备改造,并以此评价煤粉分离器工作性能,确定煤粉分离器优化结构[121]。吉林大学的张锐等人利用 CFD 结合多种多相流动理论对煤粉分离器气固两相流体进行了研究,比较了径向型和轴向型煤粉分离器的工作特性[122]。吉林大学柏楠采用 Fluent 研究了离心式煤粉分离器内气固两相流场,并对煤粉分离器内煤粉颗粒的流动和速度特性进行了探讨[123];刘志勇将湖南华银株洲火力发电公司原来选用的径向型煤粉分离器改造成轴向型煤粉分离器,同时通过 Fluent 对其挡板特性和分离特性进行模拟对比分析,并在随后的运行过程中进行了现场试验验证[124]。杨玉环进行了旋转煤粉分离器叶片结构对分离效率影响的数值研究。尝试改造一种新型变截面弯扭动叶提高旋转煤粉分离器的性能。采用 Fluent 软件模拟计算不同结构下的新型煤粉分离器的气相流场,综合煤粉细度、分离效率和通风阻力考察指标得到了最佳的转子动叶结构设计[125]。中国矿业大学周念鑫在对磨机内部样品采集的基础上,通过质量平衡计算,获得不同工况下煤粉分离器循环倍率、煤粉分离器入料、出料和返料流量与风量之间的变化关系;煤粉分离器的三维气固两相流数值模拟结果与试验分析相同[126]。黄钢英用 Fluent 软件对煤粉分离器内部进行了气固两相流动的数值模拟,对比了动态分离器和挡板式分离器内部的气动流动规律,并分析了 60 μm、120 μm 和 200 μm 典型粒径颗粒的运动轨迹[127]。北京化工大学对涡流空气分离器进行了系统的研究,采用 Fluent 研究了导向叶片设置、内部流场、颗粒的运动轨迹以及影响分离粒径的参数[128-130]。东北大学吕太等为解决制粉系统煤粉细度超标的问题,利用 CFD 模拟挡板开度分别为 35°、40°、45°、50° 和 55° 时,煤粉分离器内部气体流场变化和颗粒运动轨迹,分析了 30 μm、60 μm、90 μm、150 μm 和 200 μm 粒径煤粉颗粒在不同挡板开度下的分离效率和进出口的压差变化情况。根据计算结果,得出将煤粉分离器挡板开度设置在 40°~45° 的区间内是较为合理的[131,132]。Atas 等用 CFD 研究了水平风吹式磨煤机内部分离系统的气固流场后,根据模拟结构对煤粉分离器尺寸进行改进并在工业磨机上进行应用试验,获取数据验证模拟[133]。

一般而言,最广泛应用于流体流动、传热和传质等研究领域的湍流模拟的计算模型有:k-ε 模型、代数应力(ASM)模型和雷诺应力(RSM)模型。k-ε 模型建立在假设湍流各向同性的基础上,所以并不适合各向异性的涡流场流动[134];而 ASM 模型的主要思路是,在保留各向异性湍流基本特征的前提下,利用某些简化,将能量或应力的输送方程简化为代数表达式,但是该模型不能模拟出强旋流中的回流流动和兰金涡流[135];RSM 模型抛弃了各向同性的假设,理论上讲要比其他湍流模型精确,直接求解雷诺平均 N-S 方程中的雷诺应力相和耗散率方程,RSM 模型对于计算要求特别高,被认为是较为适合涡流场的湍流模型,所以应用 RSM 模型进行模拟的研究也比较多[136]。

对湍流模型的讨论方面,Afolabi 等采用各向同性的 RNG k-ε、Realizable k-ε 和各向异性的 RSM 三种模型,分别模拟实验室煤粉分离器流场结构,并比较三种模型的模拟结果,以优化煤粉分离器的流场和性能参数。RNG k-ε 模型考虑了湍流漩涡,比标准 k-ε 模型在更广泛的流动体系中有更高的可信度和精度。带旋流修正的 Realizable k-ε 模型对平板和圆柱射流的发散比率有更精确的预测,而且它对于旋转流动、强逆压梯度的边界层流动、流动分离和二次流等有很好的表现,它的一个不足是在主要计算旋转和静态流动区域时不能提供自然的湍流黏度。RSM 模型比单方程和双方程模型更加严格地考虑了流线型弯曲、漩涡、旋转和张力快速变化,它对于复杂流动有更高的精度预测的潜力,但是这种预测仅仅限于与雷诺压力有关的方程。结果证明,RSM 模型计算结果更为精确,煤粉分离器内部强烈的涡流对颗粒分离和传送有重要的影响[137]。另外,大涡模拟(LES)模型也用于研究旋风分离器中的气固流场,对该类涡流的模拟也较为理想。

2.2.3 煤粉分离器中颗粒分离的鱼钩效应

理论上来说,溢流细颗粒的分离效率应该随着粒度的减小而单调增加,但是近年来,研究学者发现,在粗粒级分离效率随着粒度的减小而逐渐增加,但是粒度减少至微细粒级时,分离效率会呈现逐渐减小的现象。该现象最先由 Finch 和 Matwijenko 提出,他们在研究水力旋流器时,发现颗粒的分离效率具有这样的规律,并且将其命名为"鱼钩效应(fish hook effect)"。

近年来,鱼钩效应引起很多学者的关注,尤其是其影响因素和发生机理一直是研究的重点。Schuetz[138]、Schübert[139] 和 Zhu[140] 等学者的研究表明,较粗的入料细度会使鱼钩效应更加明显。另外,入料浓度对分离效率曲线拐点的位置、鱼钩深度等有一定的影响,在较高的入料浓度下,鱼钩效应发生的概率变小[141]。关于鱼钩效应的理论解释的研究可归结为四大类:变量绕流参数 R_f 的讨论、基于流态理论的模型、基于流体力学的模型和 CFD 模拟。早期对鱼钩效应的解释主要集中在变量绕流参数 R_f,但是 R_f 的具体含义及相关的影响因素,国内外学者始终没有定论。基于流态理论的模型认为,随着流体流态由斯托克斯流转换为牛顿流,固体颗粒沉降速度会突降,最终导致了鱼钩效应的发生。该模型假设上述公式与颗粒的粒度没有关系,认为只要确定流体的雷诺数,便可计算出任何颗粒在离心力场的自由沉降速度,计算公式如下:

$$\begin{cases} v_G = G v_g & 10^{-4} < Re \leqslant 0.2 \\ v_G = G^{1/2} v_g & 0.2 < Re \leqslant 500 \\ v_G = G^{1/3} v_g & 500 < Re \leqslant 2 \times 10^5 \end{cases} \tag{2.18}$$

式中　v_G——在离心力场,颗粒的最终沉降末速;

　　　　v_g——在重力场,颗粒的最终沉降末速;

　　　　G——相对离心力,离心力与重力的比值。

基于流体力学的模型解释分为边界层模型和夹带模型。Schubert[142,143]认为鱼钩效应的发生是因为湍流、碰撞和布朗运动的影响,使细颗粒在较粗颗粒的边界层形成了动态的"蜂拥"状态。夹带模型的思想着重于强调颗粒间的相互作用,颗粒进行分离时,细颗粒易被较粗颗粒夹带,故而产生了鱼钩效应。所以该类模型对湍流扩散的影响、流体黏度的修正、悬浮液的密度,逆流的生成、入料粒度分布情况等进行了详尽的讨论。利用 Fluent 软件,Eswaraiah[144]、Hsu[145]和 Wang[146]结合 CFD 数值模拟,分别分析了空气分离器和水力旋流器的分离效率曲线出现鱼钩效应的原因。Eswaraiah 认为,操作过程和设计参数都会对作用到颗粒上的离心力强度产生影响,进而使分离效率曲线上的鱼钩效应呈现不同的形状和量级。系统内部的流态对鱼钩效应也有一定的影响,循环式空气分离器中的鱼钩效应的产生归因于边壁反弹结果。

尽管有学者在众多试验和模拟结果中均提到了鱼钩效应,但是依旧有较多学者否认鱼钩效应的存在。Nageswararao 作为代表者之一,在总结和分析大量关于离心分级的文章后,认为鱼钩效应是颗粒形状等造成的试验误差、激光粒度仪的系统误差等因素引起的,并对关于鱼钩效应的理论解释进行了一一反驳[147-152]。他认为 R_f 没有物理意义,仅是概念上的存在并且超出了试验的范畴,因为对于任意颗粒或者颗粒群而言,我们无法通过任何试验去判别,在绕流或者离心力的影响下,它是否会被分去溢流或者底流;而基于流态理论的模型中的三个分段函数,没有定义边界条件,且在分段点不连续,所以是有缺陷并且有待证实的;而基于流体力学的边界层模型和夹带模型最大的限制在于假设颗粒为球形,而对于形状不规则的颗粒的边界层构造、分离过程以及流态不能较好地预测;CFD 数值模拟缺乏有力的试验验证,所以结果也是有待考察的。尽管 Nageswararao 否认鱼钩效应的存在,但是认为在预测分离器分离效率时,考虑该现象与否,对预测旋流器或者分离器等分级设备的性能并无较大差别,故能容忍鱼钩效应说法的存在。

2.3 本章小结

本章基于"黑箱"封闭的中速磨煤机内部高温高压复杂环境对煤炭破碎过程直接研究的限制,从试验、离散元与有限元模拟的角度详细阐述了当前中速磨煤机内煤炭破碎过程的研究现状;总结了更贴近工业型中速磨煤机内煤炭破碎过程的多相混合破碎的研究进展,认为当前混合破碎研究所使用的球磨机与本书所研究的中速磨煤机存在机械结构和研磨机理的差异,现有的相关成果不能直接用于中速磨煤机内混合破碎过程的表征;分析了描述颗粒粉碎过程的各类数学模型,并指出了矩阵模型在表征中速磨煤机内包含颗粒破碎和分级复杂连续过程应用中的不足,提出了采用经典破碎模型及其改进模型的方法,弥补了矩阵模型在求解、计算精度等方面的不足。本章还从试验和 CFD 数值模拟两个角度系统介绍了内置于封闭中速磨煤机内煤粉分离器颗粒分离过程的研究进展,探讨了煤粉分离过程中鱼钩效应的产生机理,并对比了不同学者对鱼钩效应的相关讨论。

3 中速磨煤机内颗粒破碎过程的模拟研究

3.1 概述

　　燃煤电厂生产调研表明:中速磨煤机磨制煤粉会消耗电厂发电量的0.5%~2%。导致巨大能量消耗的原因很多:燃煤性质差、研磨效率低、煤粉分离器分级效率差、循环倍率偏高等。电厂所使用的中速磨煤机包含研磨和分级两个过程,磨煤机内部气流具有风速大、温度高的特点,以实现对煤粉产品的运输、干燥和分级。磨煤机结构的上述特点导致物料的研磨破碎始终处在封闭的"黑箱"环境,针对中速磨煤机内颗粒粉碎的直接研究困难重重。其抽象的破碎概念如图3-1所示。中速磨煤机内颗粒破碎的输入、输出参数主要包括:煤炭的物理性质(粒度、密度、矿物组成等)、研磨能耗、颗粒粒度特性及解离行为。针对特定研磨能量下煤炭破碎行为的模拟研究能够摆脱"黑箱"环境的限制。据此,本章将采用模拟研究的方法,依托具有相同研磨机理的设备,再现封闭磨煤机内物料破碎过程。利用加装功率测量仪的哈氏可磨仪和自制辊磨装置进行窄粒级煤炭变参数多时间批次的破碎试验,分别模拟研究E型和ZGM型中速磨煤机的破碎特性,分析影响物料破碎细度的因素,确立描述中速磨煤机辊压破碎过程的能量-粒度减小模型,为对比两类磨煤机运行效率奠定理论基础。

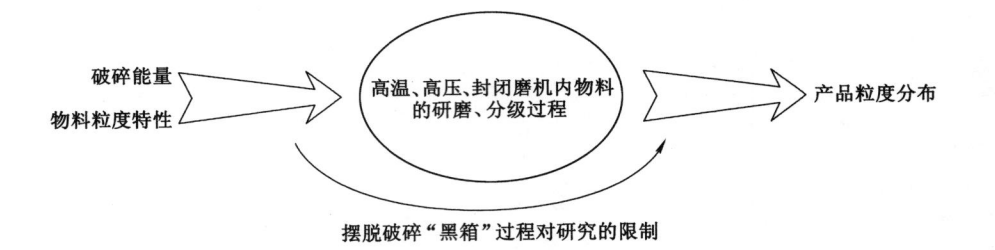

破碎能量
物料粒度特性
→ 高温、高压、封闭磨机内物料的研磨、分级过程 → 产品粒度分布

摆脱破碎"黑箱"过程对研究的限制

图 3-1　封闭磨机破碎概念图

3.2 模拟研究试验系统

3.2.1 试验设备

模拟 E 型中速磨煤机破碎过程的哈氏可磨仪结构如图 3-2 所示。该设备主要由上碗机构、蜗轮箱、传动齿轮、研磨环、研磨碗、料钵和电机组成。电机通过蜗轮、蜗杆和一对齿轮减速后,带动主轴和研磨环以 20 r/min 的速度运转。研磨环驱动研磨碗内的 8 个钢球转动,钢球直径为 25.4 mm,由重块、齿轮、主轴和研磨环施加在钢球上的总垂直力为 284 N。功率测量仪连接在电机回路中,该仪器购自浙江杭州奋乐电子有限公司,可监测三相电路中的电流、电压、功率、功率因数等,并通过安装在计算机终端的软件记录功率信号,采集频率为每秒一次。空载试验测得哈氏可磨仪的功率为 (90 ± 0.5) W,与其额定功率相同,表明采用三相功率测量仪测试物料的研磨能耗是准确可行的。

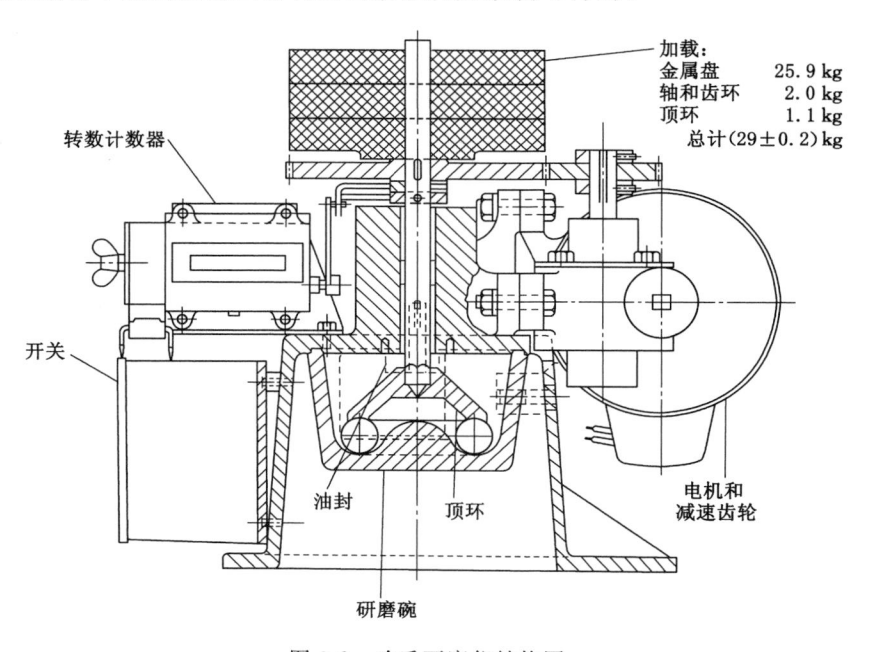

图 3-2 哈氏可磨仪结构图

自制实验室辊磨装置结构如图 3-3 所示,用于再现 ZGM 型中速磨煤机的能量-粒度减小过程。该装置中,磨辊直径和磨盘直径分别为 260 mm 和 200 mm,磨辊厚 70 mm,磨盘容积 780 cm³;胎状磨辊与竖直方向呈 7 度夹角;磨辊所受加载力由弹簧秤调节,变化范围为 250～450 N;变频器控制磨盘转速在 50 r/min 内变化;磨辊可根据研磨环床层厚度的变化在竖直方向上自由移动;磨盘外侧为煤粉收集槽,用于收集试验中被甩离研磨环的煤粉。

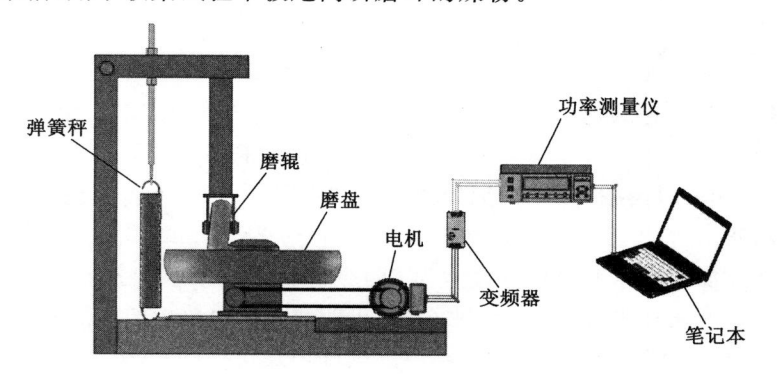

图 3-3 自制实验室辊磨装置结构图

3.2.2 窄粒级物料破碎试验

中速磨煤机将物料破碎的前提是磨辊与磨盘能够将颗粒咬合,破碎后细颗粒将转入磨辊和磨盘之间的料层粉碎阶段。因此,为确保本次试验的准确性,须严格控制待磨颗粒与磨辊直径比,否则模拟试验结果将不能精确表征物料在中速磨煤机的破碎行为。破碎试验物料均为采自安徽淮北临涣选煤厂的炼焦中煤,可磨性指数为 62.5。样品干燥后,通过筛分方法截取−4+2.8 mm、−2.8+2 mm、−2+1.25 mm、−1.25+0.71 mm 和−0.71+0.5 mm 窄粒级物料用于模拟 E 型中速磨煤机的破碎过程。各窄粒级煤样灰分分别为 14.23%、15.12%、16.77%、20.46% 和 23.22%。试验中不改变哈氏可磨仪的结构参数,仅研究时间对破碎行为的影响,破碎时间安排为 10 s、20 s、30 s、40 s、50 s、60 s、90 s、120 s、180 s、240 s 和 300 s(最大粒级时间上限 180 s,最小的两个粒级时间上限 240 s)。采用筛序为 $\sqrt{2}$ 的套筛分析研磨产品的粒度组成,筛孔直径分别为 2.8 mm、2 mm、1.25 mm、0.71 mm、0.5 mm、0.355 mm、0.2 mm、0.09 mm 和 0.074 mm。

自制辊磨装置试验系统的破碎物料包括−5.6+4 mm(样品 A)、−8+5.6 mm(样品 B)和−11.2+8 mm(样品 C)三个窄粒级,样品灰分分别为 26.05%、22.74% 和 20.00%。为对比研究磨辊加载力、磨盘转速和填充率(物料体积占磨盘容积的百分比)对物料破碎行为的影响,将上述试验样品分为三组。即样品 A 的研磨试验仅改变加载力,样品 B 的研磨试验仅改变磨盘转速,而样品 C 的研磨试验仅改变填充率。研磨时间分别为 0.5 min、1 min、1.5 min、2 min 和

3 min。利用筛孔孔径分别为 2 mm、1.25 mm、0.71 mm、0.5 mm、0.355 mm、0.2 mm 和 0.09 mm 的套筛完成碎后产品的粒度组成分析。

研磨试验前率先空载运行 5 min，待功率测量仪监测数据稳定后再进行窄粒级物料破碎试验。采用差值法计算物料的研磨能耗：分别记录磨机负荷和空载时消耗的功率，两者之差再对时间积分即可获得物料破碎能量。为确保试验的准确性，均对两类破碎设备进行重复试验，重复试验次数为 3 次。哈氏可磨仪的重复试验为－2.8＋2 mm 样品破碎 120 s 和－1.25＋0.71 mm 样品破碎 90 s；自制辊磨装置的重复试验安排如表 3-1 所示。

表 3-1　自制辊磨装置重复试验参数

样　品	操作参数		破碎时间/min
煤样 A1	磨辊加载力/N	250	3
煤样 A2		300	2
煤样 B1	磨盘转速/(r/min)	33.3	1.5
煤样 B2		50	1
煤样 C1	填充率/%	0.1	1.5
煤样 C2		0.2	2

3.3　E 型中速磨煤机破碎过程的模拟试验研究

3.3.1　破碎能量随时间的变化

作为物料破碎环节重要的输入参量，破碎能量的高低将影响颗粒的破碎行为。然而，能量输入的大小受到磨机和待磨物料性质的影响，人工较难精确控制输入能量的水平。哈氏可磨仪在破碎物料时的输入能量可由下式表示：

$$E_{cs} = \int_0^t (P/w)\mathrm{d}t = \int_0^t (F \cdot f \cdot r \cdot n_b/w)\mathrm{d}t \qquad (3.1)$$

式中，E_{cs} 为单位破碎能量，kW·h/t；P 为物料破碎时的功率，W；w 为物料质量，g；F 为磨辊加载力，N；f 为研磨介质和物料间的滑动摩擦因数；r 为钢球在研磨环内旋转半径，m；n_b 为研磨球的个数。

在本次试验中，哈氏可磨仪的加载力 F、颗粒旋转运动半径 r 和研磨球的个数 n_b 以及物料的质量均为常数，因此单位破碎能量仅受物料和研磨介质间摩擦因数的影响。在分析破碎能量随时间的变化中，每 10 s 为一单元，五组样品的单元破碎能量随时间的变化如图 3-4 所示。在料层破碎中,物料与研磨介质的摩擦因数随粒度的减小而降低,研磨能量也将随之减少。图 3-4 表明,五组煤样的能耗与粒度的关系符合前述规律。但纵向对比表明,−4+2.8 mm 粒级样品的能量消耗最低,其余四个粒级的破碎能量随初始粒级粒度的增加而增加。分析认为−4+2.8 mm 样品粒度偏粗是产生此试验现象的原因。虽然每次研磨试验均采用 50 g 样品,−4+2.8 mm 颗粒间相对较大的空隙使其具有较大的体积和较高的床层高度。装有该粒级物料的研磨碗较难加载在哈氏可磨仪上。在研磨试验开始前,已有部分样品在装载中受研磨环挤压力的作用而破碎。较高的料层厚度和装载中的挤压作用加速了−4+2.8 mm 物料的破碎,而这些现象在其他四组物料中是没有的。

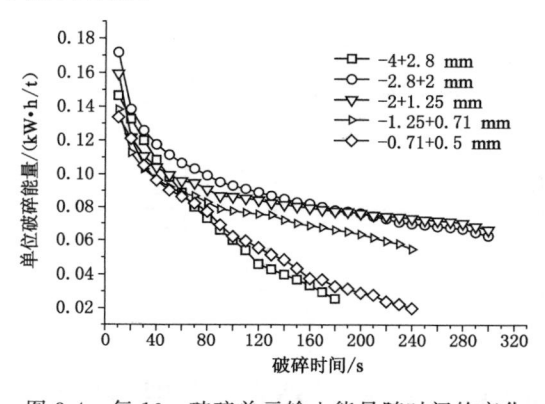

图 3-4 每 10 s 破碎单元输入能量随时间的变化

除摩擦因数随粒度变化的特性导致研磨能量降低外,哈氏可磨仪间断破碎中细颗粒的累积也会引起输入能量的降低。为此,笔者设计试验以验证细颗粒累积对能量的影响。验证试验选取−4+2.8 mm 和−2+1.25 mm 煤样,研磨 60 s 后筛除−0.074 mm 细粒级产品,其余物料加入哈氏可磨仪后继续研磨 30 s,同时检测记录此段时间输入的能量,结果如图 3-5 所示。对比此前研磨试验的能量测试结果发现:研磨碗床层中−0.074 mm 物料的筛除使两组物料的输入能量在此 30 s 内分别增加 0.03 kW·h/t 和 0.02 kW·h/t。床层中细颗粒的筛除增加了物料与研磨介质接触面的粗糙度,引起摩擦因数和输入能量的增加。反之,细颗粒的累积将减少输入的能量,延长颗粒破碎时间。对工业型中速磨煤机而言,磨盘床层物料主要包括磨机入料、锥形体和煤粉分离器的返料。床层细度将受这三组入料的共同影响,此前的采样试验显示磨机循环倍率高达 8~12,故煤粉分离器的返料流量将决定床层细度。提高煤粉分离器的分级效率,避免细粒级物料返回磨盘再磨是提高磨机运行效率、降低能量消耗的有效途径。

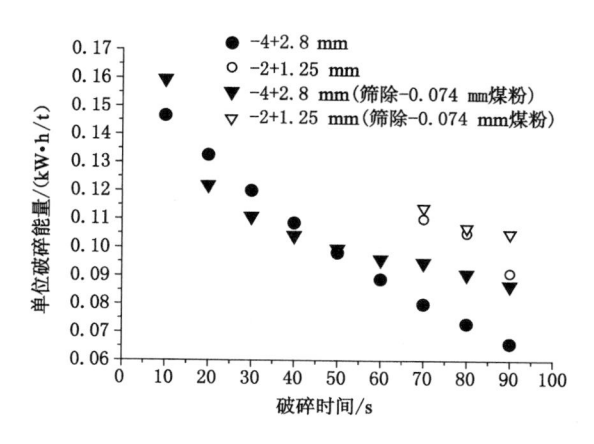

图 3-5　细颗粒去除后破碎能量的变化

3.3.2　初始粒级物料破碎速率和细颗粒生成速率

图 3-6 为未破碎的初始粒级残余量随时间的变化关系。该图显示不同粒级物料的破碎速率不同,且破碎速率随物料粒度的变大而加快;此外,－4＋2.8 mm 和 －2.8＋2 mm 样品分别在 60 s 和 90 s 的时间内全部破碎成细颗粒。在破碎时间未达到 90 s 时,初始粒级残余量与时间呈线性关系,即该阶段物料破碎符合一级动力学模型。然而随着时间推移,三组尚未完全破碎物料的破碎速率逐渐降低,多种原因导致了上述试验现象的发生。首先,破碎产物的灰分分析表明未破碎初始粒级和新生－0.09 mm 细颗粒的灰分分布较原煤上升和下降,如图 3-7 所示。选择性破碎导致不同粒级产品间灰分的差异,且这种差异随着破碎时间的延长逐渐增大。伴生矿物的解离导致窄粒级物料破碎转化为多种物料的混合破碎。由于未破碎初始粒级灰分高,黄铁矿、石英、高岭石等硬度高且破碎难度大,故破碎速率随时间逐渐降低;同时,哈氏可磨仪间断破碎产生的细颗粒将占据粗颗粒与研磨介质间的空隙,对粗颗粒的包裹将产生缓冲效应而不利于其破碎。此外,料层中物料组成的变化致使初始粒级所能分配到的破碎能量降低。上述原因的综合效应导致一级动力学模型不能描述三组较细物料的整个破碎过程。

中速磨煤机磨制的合格煤粉用于锅炉燃烧发电,合格煤粉细度需满足大于 0.2 mm 和 0.09 mm 的含量不超过 5％和 16％的要求。因此,本节选择研究 －0.09 mm 粒级煤粉生成速率随时间的变化规律,结果如图 3-8 所示。尽管该粒级的生成速率随时间波动明显,但总体呈现逐渐下降的趋势,原因来自多方面。首先,选择性破碎的特点致使破碎产物具有粗颗粒灰分高、细颗粒灰分较低的特点,并由此改变了床层物料性质和破碎环境。在哈氏可磨仪中,颗粒与研磨

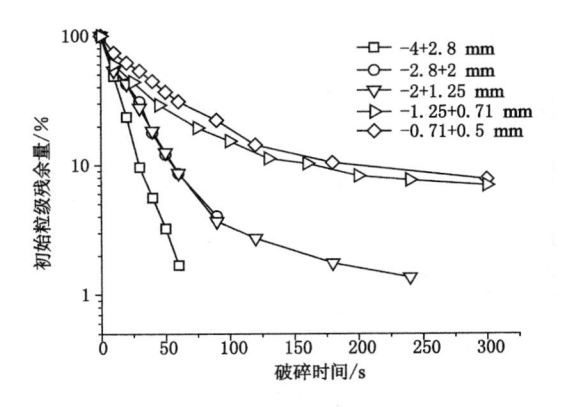

图 3-6 未破碎的初始粒级残余量随时间的变化关系

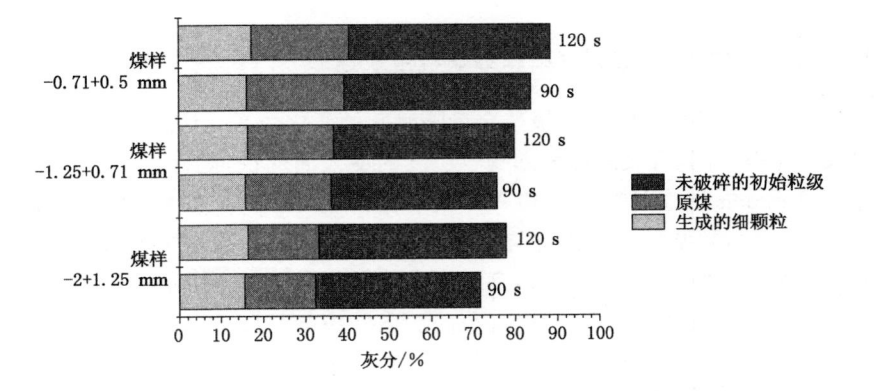

图 3-7 破碎过程中初始粒级和细颗粒灰分的变化

介质的接触属于面接触,因此粗颗粒将优先接触研磨介质并破碎。此外,富含伴生矿物的粗颗粒相对较硬且可磨性差,其破碎速率的降低间接减缓了细颗粒的生成速率。两方面的综合作用导致单位时间内细粒级产率逐渐降低。此外,阶段破碎中细颗粒的累积也可能会降低 −0.09 mm 煤粉的生成速率。为说明此现象,本书再次选取 −4+2.8 mm 和 −2.8+2 mm 两组窄粒级煤样进行细颗粒去除对 −0.09 mm 煤粉的生成速率影响的验证试验。两组样品分别研磨 60 s和 120 s 后,筛除生成的 −0.09 mm 产品,称重后加入相同质量的初始粒级颗粒后,继续研磨 30 s。重复上述试验操作直至两组样品的研磨时间分别延长至120 和 180 s。与之前的研磨试验相比,−4+2.8 mm 煤样的细颗粒生成速率在研磨时间为 90 s 和 120 s 时分别提高到 1.46%/10 s 和 1.52%/10 s;而 −2.8+2 mm 煤样的细颗粒生成速率则提高 3.5 倍。综合 3.3.1 节中的试验结论,床层中新生细颗粒的累积将降低物料与研磨介质间的摩擦因数,减少能量输入和细颗粒的生成速率,间接表明提高中速磨煤机中煤粉分离器的分离效率,降低循环倍率对提升磨机工作效率的有效性。

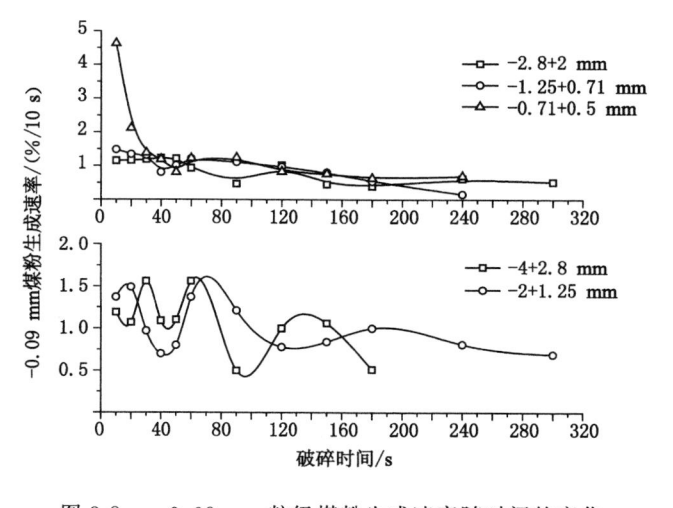

图 3-8　－0.09 mm 粒级煤粉生成速率随时间的变化

3.3.3　能量-粒度减小过程的模型化

目前,表征物料粉碎过程中能量与破碎产品粒度关系的模型主要包括面积假说、体积假说、裂缝假说以及 JK 矿物研究中心建立的经典破碎模型及其改进模型。由于本书所涉及试验破碎时间相对较短,颗粒减小程度较弱,尚处于粗碎或中碎阶段。因此,更符合破碎基本理论中的体积假说。但考虑到颗粒形状的复杂性,在进行颗粒体积计算或测定时难免会出现误差。因此,本书转而使用经典破碎模型。该模型是澳大利亚昆士兰大学 JK 矿物研究中心利用矿物破碎特性研究设备(落锤试验仪、JK 旋转破碎仪和 JK 细颗粒破碎仪),逐步建立起一套表征物料能量-粒度减小过程的数学模型,在指导自磨/半自磨机选型方面具有较为广泛的应用。虽然该模型率先建立在冲击作用下物料的破碎试验基础上,但 Shi 在讨论破碎作用力性质差异基础上,逐渐将其应用到挤压力为主的料层破碎中。本研究所采用的试验系统与 JK 细颗粒破碎仪均是基于哈氏可磨仪的改进装置,仅在破碎能量测试方面存在差异,分别采用三相功率测量仪和力矩传感器。因此,为验证本书所使用的功率测量仪在能耗测定方面的准确性,笔者选择使用经典能耗-粒度破碎模型分析试验数据。

选用 t_{10} 作为评价煤粉细度的参数。该参数是指粒度小于初始粒级几何平均尺寸 1/10 的破碎产物产率,譬如对 $-4+2.8$ mm 粒级物料而言,t_{10} 是指产品中粒度小于 0.33 mm(4 与 2.8 乘积平方根的 $1/10$)的百分含量。由于筛分试验并未含有该特征尺寸,故破碎物料粒度组成首先使用 R-R 方程表征,即

$$R(x) = 100 - W(x) = 100 \cdot e^{-bx^n} \tag{3.2}$$

式中,$R(x)$ 为粒度大于尺寸 x 的百分含量,%;$W(x)$ 为粒度小于尺寸 x 的百分含量,%;b 和 n 均为拟合参数。

采用 Matlab 编程实现 R-R 方程表征物料粒度组成,计算结果显示该模型能够很好地描述变参数条件下窄粒级物料破碎产物的粒度组成,相关系数均大于 0.96。在此基础上,将特征尺寸回代至 R-R 方程中计算获得相应的 t_{10} 值。不同时间各窄粒级物料破碎产物细度 t_{10} 和单位破碎能量如表 3-2 和表 3-3 所示。图 3-9 是不同窄粒级样品的单位破碎能量与相应煤粉细度 t_{10} 的关系。由图可知,在相同破碎能量输入的条件下,t_{10} 随初始物料粒度的变大而增加,此现象与 Shi 的研究结论一致。在单位破碎能量为 1 kW·h/t 的前提下,五个窄粒级物料的碎后产品 t_{10} 值分别为 39%、22%、18%、14% 和 11%,且不同粒级间 t_{10} 的差异随单位破碎能量的增加更加明显。笔者认为,对于特征细度参数 t_{10},虽然各物料的破碎比均为 10,但样品初始粒级的差异致使五个特征细度之间存在 $\sqrt{2}$ 至 4 的粒度比。颗粒直径越小,其比表面积越大,根据雷廷格的面积假说可定性说明生成粒度越小的颗粒将消耗越多的能量。故哈氏可磨仪内窄粒级物料能量-破碎过程存在上述规律。

表 3-2　各窄粒级物料的破碎产物细度 t_{10}

破碎时间/s	$-4+2.8$ mm	$-2.8+2$ mm	$-2+1.25$ mm	$-1.25+0.71$ mm	$-0.71+0.5$ mm
10	4.86	3.71	2.51	2.16	1.95
20	9.09	5.85	5.42	3.52	3.23
30	13.88	9.10	7.88	4.92	6.72
40	17.98	11.94	9.65	6.20	8.91
50	22.34	14.63	11.49	8.37	10.34
60	28.91	16.98	13.57	9.25	12.70
90	33.69	21.99	20.67	13.68	15.85
120	40.84	30.33	24.18	17.54	17.66
150	48.78	37.20	28.59	23.76	19.94
180	52.52	40.39	32.82	28.81	
240		46.48	39.58		
300		51.23	41.34		

表 3-3 各窄粒级物料的单位破碎能量

破碎时间/s	−4+2.8 mm	−2.8+2 mm	−2+1.25 mm	−1.25+0.71 mm	−0.71+0.5 mm
10	0.15	0.17	0.16	0.14	0.13
20	0.28	0.31	0.28	0.25	0.32
30	0.40	0.44	0.39	0.35	0.53
40	0.51	0.55	0.50	0.45	0.78
50	0.61	0.67	0.60	0.54	0.96
60	0.69	0.77	0.69	0.63	1.12
90	0.91	1.07	0.96	0.88	1.26
120	1.08	1.34	1.22	1.11	1.39
150	1.20	1.60	1.46	1.53	1.48
180	1.28	1.84	1.70	2.27	
240		2.28	2.15		
300		2.69	2.58		

JK 矿物研究中心建立的经典破碎模型如(3.3)所示：

$$t_{10} = A \cdot (1 - e^{-b \cdot E_{cs}}) \tag{3.3}$$

式中，t_{10} 为物料破碎产物细度，%；E_{cs} 指输入的破碎能量，kW·h/t；A 和 b 为破碎参数。

将式(3.3)编辑到 Matlab 后对表 3-2 和表 3-3 的试验数据进行拟合，结果如图 3-9 所示。拟合结果的相关系数超过 0.97，证明该模型能够很好地描述哈氏可磨仪内各窄粒级样品的破碎过程，也说明采用三相功率测量仪测量物料研磨能耗的准确性。

虽然经典破碎模型已能够应用于表征窄粒级物料的破碎过程，其能否描述多组窄粒级物料的能量-粒度减小过程值得讨论，毕竟在实际破碎作业中，物料的粒度分布较宽。2007 年，昆士兰大学 Shi 和 Kojovic 合作，根据威布尔分布模型和量纲分析，经过一系列转化与化简，将经典破碎模型发展为包含物料粒度参量的数学模型：

$$t_{10} = M \cdot \{1 - \exp[-f_{mat} \cdot x \cdot k \cdot (E_{cs} - E_{min})]\} \tag{3.4}$$

式中，M 指 t_{10} 所能够达到的极限值，%；E_{min} 为实现颗粒破碎的临界能量，kW·h/t；f_{mat} 为矿物的破碎性质，kg/(J·m)；x 为颗粒的初始粒度，mm；k 为单次破碎事件中连续发生的破碎次数。

与 JK 矿物研究中心的标准破碎试验相比，由于测试条件的差异，上述模型中的部分参数无法获得。但是该模型仍可对本次多组窄粒级破碎试验数据的模

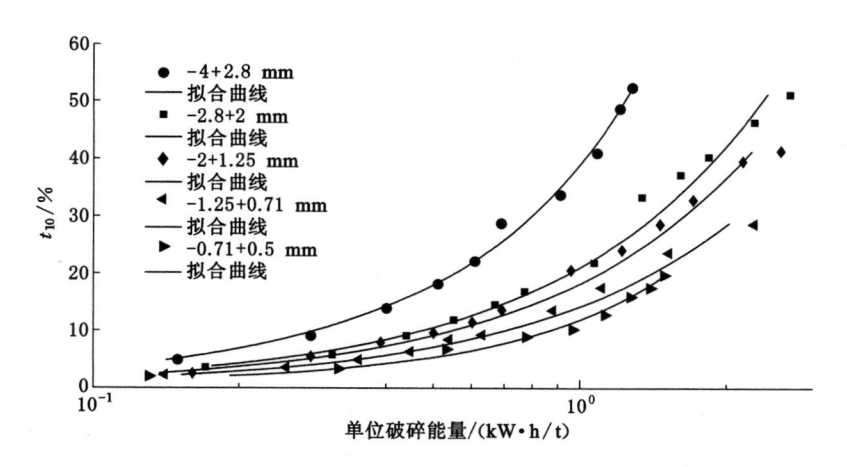

图 3-9   五组物料的单位破碎能量与相应煤粉细度 t_{10} 的关系图

型化提供借鉴,即由 $x \cdot (E_{cs} - E_{min})$ 项可知物料粒度与破碎能量呈负相关关系,而图 3-9 中五组样品的能耗-粒度曲线也验证了该结论。基于上述分析,笔者对原有的经典破碎模型进行优化,加入物料粒度参量。改进后的破碎模型为:

$$t_{10} = A \cdot (1 - e^{-b \cdot x \cdot E_{cs}})$$ (3.5)

式中,x 为初始粒级的几何平均粒度,mm;其他参数意义同式(3.3)。

利用式(3.5)再次对哈氏可磨仪窄粒级物料破碎试验数据进行拟合,结果如图 3-10 所示。拟合结果的相关系数为 0.94,说明加入粒度参量的改进型破碎模型可表征物料粒度对能量-粒度减小过程的影响。

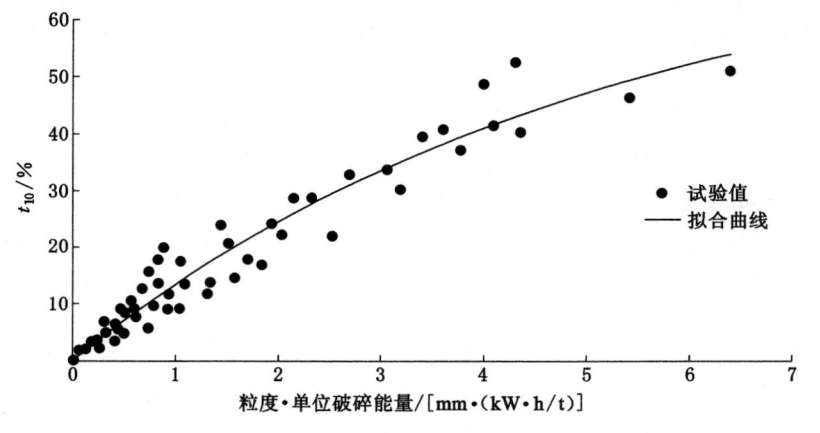

图 3-10   改进型破碎模型对哈氏可磨仪试验数据的拟合结果

3.4 ZGM 型中速磨煤机破碎过程的模拟试验研究

3.4.1 试验参数对颗粒破碎行为的影响

在破碎试验中,研究人员通常采用破碎速率来衡量物料的破碎行为。物料破碎速率通常可以采用三种破碎动力学模型来描述,即零级、一级和二级动力学模型。其中,一级动力学模型应用最为广泛,可以描述大多数物料的破碎行为,利用其计算破碎速率的方程为:

$$\lg w_1(t) - \lg w_1(0) = - s_1 t \qquad (3.6)$$

式中,$w_1(t)$ 破碎时间 t 后剩余初始粒级物料的百分含量,%;$w_1(0)$ 为破碎开始阶段初始粒级的百分含量,%;s_1 为初始粒级的破碎速率,s^{-1}。

颗粒破碎速率能够利用上述公式计算的前提是初始粒级残余量与研磨时间的关系在半对数直角坐标系中呈直线。自制辊磨装置窄粒级物料破碎结果如图 3-11 所示。该图表明,窄粒级物料在研磨时间延长至 20 s 前已全部破碎,且初始粒级残余量与破碎时间在半对数坐标系中呈线性关系,故其破碎过程符合一级动力学模型,破碎速率的计算结果如表 3-4 所示。对比分析显示,颗粒破碎速率随磨辊加载力和磨盘转速的提高而提高,而填充率增加,即提高磨盘物料的质量将引起破碎速率的下降;此外,粗颗粒初始粒级全部破碎耗时较短,破碎速率高。

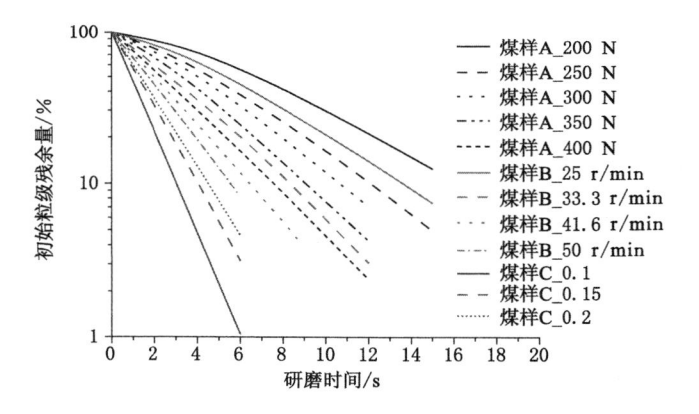

图 3-11 各试验条件下初始粒级残余量随时间的变化

表 3-4   不同操作参数条件下初始粒级的破碎速率

试验参数	加载力/N				
	200	250	300	350	400
破碎速率/s^{-1}	0.060 3	0.087 1	0.095 7	0.114 1	0.135 0
试验参数	磨盘转速/(r/min)			
	25	33.3	41.6	50
破碎速率/s^{-1}	0.075 1	0.126	0.156 4	0.180 7
试验参数	填充率		
	0.1	0.15	0.2
破碎速率/s^{-1}	0.329 8	0.249 6	0.222 2

在燃煤电厂,中速磨煤机是磨制合格煤粉的关键设备,笔者在分析窄粒级物料破碎动力学的同时,还展开变参数条件下细颗粒产率的研究。此环节选择 t_{10} 表征破碎产品细度,该参数的含义和计算过程如 3.3.3 节所述。图 3-12、图 3-13 和图 3-14 分别为在不同磨辊加载力、磨盘转速和填充率条件下 t_{10} 随时间的变化情况。由于磨辊加载力远大于颗粒抵抗破碎的能力,因此,试验所得 t_{10} 均相对较高,如图 3-12 所示。不同加载力时煤粉细度差异随研磨时间增长而逐渐增大,由 0.5 min 时的 13.73% 增加至 3 min 时的 23.56%。本研磨装置中仅安装有一个磨辊,磨盘转速越高意味着颗粒将经历更多的破碎事件,其破碎程度相对较高。但分析图 3-13 发现,不同磨盘转速下的 t_{10} 值之比并非一直等于转速比。在破碎时间未达到 2 min 时,t_{10} 值之比均大于转速比;但当研磨时间增加至

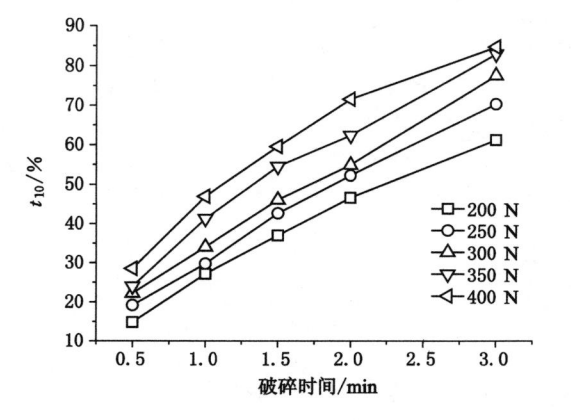

图 3-12   磨盘转速为 41.6 r/min 和填充率为 0.15 时,—5.6＋4 mm
产物细度 t_{10} 在不同加载力下随时间变化关系

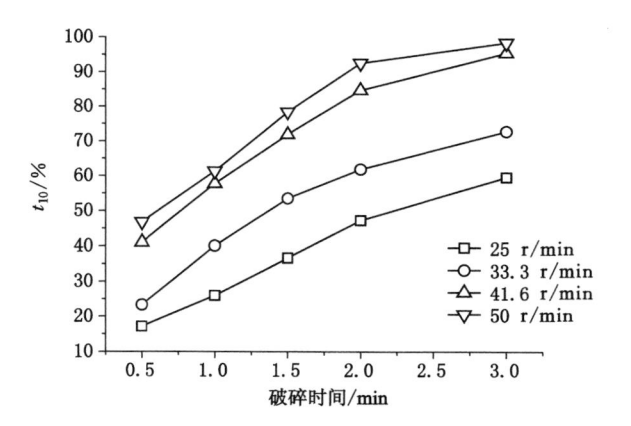

图 3-13　加载力为 300 N 和填充率为 0.15 时，-8+5.6 mm
产物细度 t_{10} 在不同磨盘转速下随时间变化关系

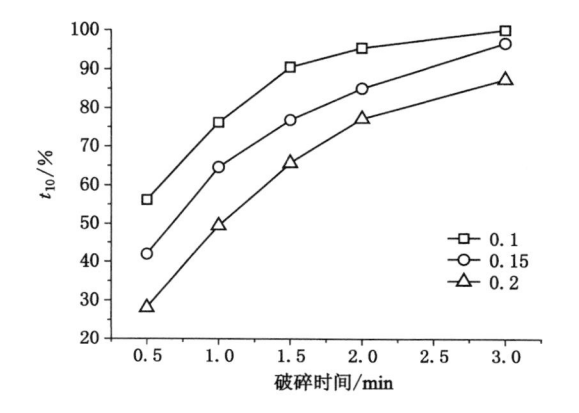

图 3-14　加载力为 300 N 和转速为 41.6 r/min 时，-11.2+8 mm
产物细度 t_{10} 在不同填充率下随时间变化关系

3 min 中时，t_{10} 值之比则较磨盘转速比偏小。上述试验现象是因为破碎环节中
新生细颗粒在磨盘中累积，致使物料与研磨介质间摩擦因数降低而降低能量输
入。能耗数据显示，在四组磨盘转速条件下最后一分钟破碎能量较前一分钟分
别降低 0.11 kW·h/t、0.15 kW·h/t、0.14 kW·h/t 和 0.04 kW·h/t。此外，
细颗粒具有一定的缓冲作用而减缓粗颗粒破碎。能量输入的减少及细颗粒的缓
冲作用导致最后一分钟内各转速条件下 t_{10} 值的下降。Austin 在考虑磨机处理
能力和能量效率基础上，曾确定了磨盘填充率应控制在 0.075 到 0.3 之间，否则
将恶化磨机工作效率。为此，本书选择磨盘填充率分别为 0.1，0.15 和 0.2。填
充率越小意味着磨盘床层厚度较低，破碎力可更有效地作用在颗粒上。因此，煤

粉细度参数 t_{10} 随填充率的降低而逐渐增加。

3.4.2 能量-粒度减小过程的关系模型

煤炭破碎所消耗能量受诸多因素的影响,磨机不同操作参数的组合和物料性质(粒度、矿物伴生情况等)均会改变颗粒破碎所需能量。在本书中煤炭破碎能量是通过差减法,即将磨机空载能耗从负荷能耗中去除,间接获得用于破碎煤炭的能量。自制辊磨设备与哈氏可磨仪相比,虽然颗粒都是在磨辊施加的挤压力作用下破碎,但前者的操作参数灵活可调,而后者仅能通过时间来改变能量输入,故颗粒在自制辊磨设备中的能量-粒度减小过程较哈氏可磨仪复杂。在进行物料研磨试验前,本节将率先分析空载时加载力、磨盘转速对功耗的影响。试验结果如表 3-5 所示。结果显示,在特定的磨盘转速下,加载力的变化对空载功率几乎没有影响,而空载功率同磨盘转速呈线性关系。

表 3-5　不同试验参数组合时的空载功率

加载力/N	磨盘转速/(r/min)			
	25	33.3	41.6	50
	功率/(W/s)			
200	155.44	211.59	271.03	327.43
250	154.95	208.45	265.79	324.78
300	158.44	212.16	266.55	327.26
350	159.08	211.48	264.81	330.78
400	155.81	209.38	263.27	326.48
平均值	156.74	210.61	266.29	327.35
与平均值最大差值	2.34	2.16	4.74	3.43
最大差值与平均值之比	1.49%	1.03%	1.78%	1.05%

负荷试验中,三组煤样的结果详见表 3-6、表 3-7 和表 3-8。虽然此前已经成功将经典破碎模型用于表征哈氏可磨仪中各粒级的能量-破碎过程,但与本节破碎试验相比,两者之间存在着诸多差异。首先,虽然同为料层破碎,但两者的研磨介质分别为钢球和倾斜放置的胎状磨辊,且钢球直径远小于胎状磨辊。研磨介质直径和形状的差异会对颗粒破碎行为产生影响。此外,哈氏可磨仪的设备参数均被固定,而本节试验中辊磨装置的操作参数(加载力、磨盘转速和磨盘填充率)灵活可调,除时间对输入能量产生影响外,参数组合的不同也会引起输入能量和颗粒破碎效率的变化。假如与衍生出经典破碎模型的设备——落锤试验

仪相比较,两者之间还存在破碎力和物料状态的不同,即分别使用冲击力和挤压力实现单颗粒和床层物料的破碎。因此,能否直接将经典破碎模型用于笔者自制辊磨设备变参数破碎试验未知性较大。在此,本节率先讨论经典破碎模型对单一操作参数下试验结果适用性。

表 3-6   不同试验条件下煤样 A 的试验结果

试验条件			试验结果	
样品	磨辊加载力/N	时间/min	t_{10}/%	破碎能量/(kW·h/t)
煤样－5.6＋4 mm 磨盘转速 41.6 r/min 填充率 0.15 样品质量 93 g	200	0.5	14.81	0.29
		1	27.16	0.62
		1.5	34.06	0.79
		2	46.67	0.93
		3	61.28	1.54
	250	0.5	19.15	0.33
		1	29.79	0.68
		1.5	42.67	0.97
		2	52.31	1.22
		3	70.45	2.00
	300	0.5	22.21	0.35
		1	37.00	0.83
		1.5	46.15	1.18
		2	54.93	1.54
		3	77.68	2.34
	350	0.5	24.00	0.39
		1	41.29	0.87
		1.5	54.52	1.28
		2	62.40	1.70
		3	83.07	2.83
	400	0.5	28.53	0.58
		1	47.01	1.07
		1.5	59.58	1.53
		2	71.65	1.86
		3	84.84	3.18

表 3-7 不同试验条件下煤样 B 的试验结果

试验条件			试验结果	
样品	磨盘转速/(r/min)	时间/min	t_{10}/%	破碎能量/(kW·h/t)
煤样－8＋5.6 mm 磨辊加载力 300 N 填充率 0.15 样品质量 93 g	25	0.5	17.11	0.53
		1	25.96	0.99
		1.5	36.60	1.49
		2	47.19	2.01
		3	59.55	2.91
	33.3	0.5	23.32	0.45
		1	40.02	0.75
		1.5	53.47	1.12
		2	61.90	1.61
		3	72.73	2.32
	41.6	0.5	40.99	0.36
		1	57.72	0.67
		1.5	71.90	0.96
		2	80.71	1.29
		3	95.44	1.77
	50	0.5	46.75	0.36
		1	61.34	0.94
		1.5	80.38	1.54
		2	92.58	2.28
		3	98.36	3.89

表 3-8 不同试验条件下煤样 C 的试验结果

试验条件			试验结果	
样品及试验条件	填充率 （样品质量/g）	时间 /min	t_{10} /%	破碎能量 /(kW·h/t)
煤样－11.2＋8 mm 加载力 300 N 磨盘转速 41.6 r/min	0.1(62)	0.5	56.16	0.64
		1	76.20	1.00
		1.5	90.46	1.23
		2	95.39	1.42
		3	99.97	2.46

表 3-8(续)

试验条件			试验结果	
样品及试验条件	填充率 （样品质量/g）	时间 /min	t_{10} /%	破碎能量 /(kW·h/t)
煤样−11.2＋8 mm 加载力 300 N 磨盘转速 41.6 r/min	0.15(93)	0.5	41.89	0.52
		1	64.57	1.02
		1.5	76.87	1.50
		2	85.03	1.77
		3	96.56	2.18
	0.2(124)	0.5	28.08	0.40
		1	49.43	0.86
		1.5	70.67	1.45
		2	77.23	1.62
		3	87.32	2.28

图 3-15 为部分单一参数改变的试验结果及经典破碎模型的拟合情况。图中，煤样 A3 和 A4 分别指加载力为 300 N 和 200 N 的−5.6＋4 mm 煤样；煤样 B3 和 B4 分别指磨盘转速为 25 r/min 和 41.6 r/min 时的−8＋5.6 mm 煤样；煤样 C3 和 C4 分别指填充率为 0.1 和 0.2 时的−11.2＋8 mm 煤样。该图表明，虽然自制辊磨设备与落锤试验仪的破碎试验之间存在设备结构、破碎力种类和物料状态的差异，经典破碎模型仍然能够很好地描述单一试验条件下颗粒的能量-粒度减小过程。然而，破碎效率的差异致使试验数据呈离散分布。以破碎能量为 1 kW·h/t 为例，不同试验条件下产物细度 t_{10} 相差在 20%～40% 之间。但此种差异主要存在可变参数种类不同的破碎试验间，即改变条件分别为加载力、磨盘转速和填充率。此外，在不同磨盘转速、相同破碎能量条件下，煤粉细度 t_{10} 间差异也较大。通常，粗颗粒与磨盘间的滑动摩擦因数较大，且该参数随物料粒度变小而降低。本试验中，当磨盘转速较低时，物料所经历的破碎事件较少，故床层物料粒度较粗。此时虽然输入能量高，但产品细度相对较粗。

为进一步分析不同磨盘转速下颗粒破碎行为的差异，自定义能量效率参数 E_t，用于表示破碎过程中单位能量所引起的煤粉细度 t_{10} 增加量。即：

$$E_t = \Delta t_{10}/\Delta E_{cs} \tag{3.7}$$

式中，E_t 为能量效率[%/(kW·h/t)]；Δt_{10} 为某破碎时间间隔内产物 t_{10} 的增加量，%；ΔE_{cs} 为相应时间间隔内的破碎能量，kW·h/t。

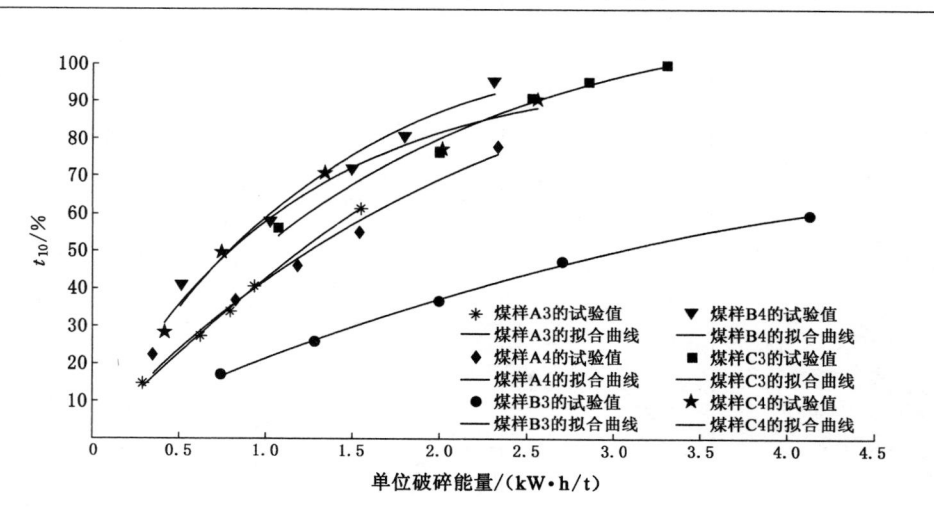

图 3-15　经典破碎模型对部分试验的拟合结果

不同磨盘转速时能量效率随时间的变化关系如图 3-16 所示。在破碎初始阶段，破碎能量效率随磨盘转速的提高而逐渐增加；但由于细颗粒抗破碎能力较强，破碎后期的能量效率远小于破碎初始阶段。结合表 3-7 的能耗数据发现：较低的能量效率致使在低转速时产生相同 t_{10} 产品要消耗较多能量。譬如：在 t_{10} 均为 62% 的前提下，33.3 r/min 和 50 r/min 时所需的破碎能量分别为 1.41 kW·h/t 和 0.94 kW·h/t；而当破碎能量均为 1.50 kW·h/t 时，25 r/min 和 50 r/min 下煤粉细度参数 t_{10} 分别为 36.60% 和 80.38%。不同磨盘转速条件下煤粉细度-能耗曲线上下波动，导致经典能耗模型无法有效地描述该破碎过程。

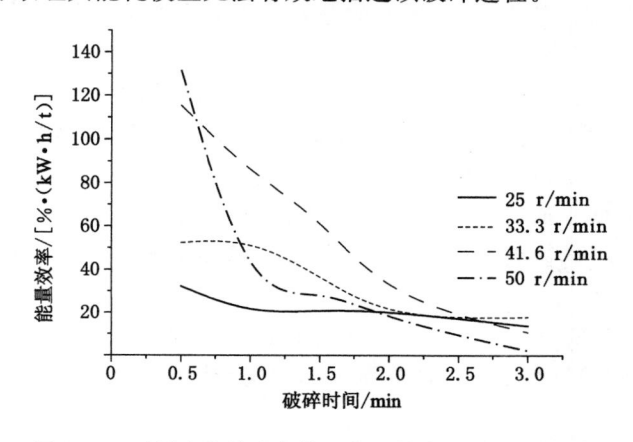

图 3-16　不同磨盘转速条件下能量效率随时间的变化

虽然经典破碎模型可表征固定参数下自制辊磨装置中物料破碎过程,但其能否适用于所有破碎试验呢?在落锤试验仪或 JK 旋转破碎仪中,操作人员可通过调节落锤的质量和高度或旋转速度来改变输入能量;JK 细颗粒破碎特征仪则通过改变破碎时间达到调节破碎能量的目的。然而,本试验装置中输入能量不仅受时间影响,加载力、磨盘转速以及填充率等均会对其产生作用。该模型能否直接用来表述所有操作参数组合下的破碎试验是本节讨论的重点。但分析图 3-15 不难发现,不同试验条件下获得相同细度煤粉所需能量差异较大。然而,在仅加载力或填充率改变的破碎试验中,上述差异则相对较小。因此,笔者再次运用该模型对上述两条件改变的试验数据进行拟合,结果如图 3-17 所示。

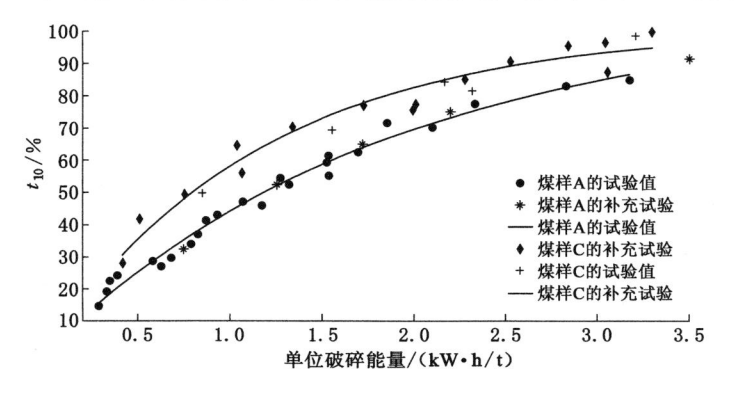

图 3-17 仅加载力或填充率改变时经典破碎模型对试验数据的拟合结果

拟合结果表明:经典破碎模型可表征仅加载力或填充率改变时能量-粒度之间的关系,且模型相关系数较高,分别为 0.98 和 0.96。$-5.6+4$ mm 和 $-11.2+8$ mm 煤样 $A \cdot b$ 的值分别为 56.92 和 86.54,较大的 $A \cdot b$ 值意味着颗粒抵抗破碎的能力较弱,破碎产品粒度较细。此结论可以进一步由图 3-17 验证,即当破碎能量相同时,$-11.2+8$ mm 样品煤粉细度 t_{10} 更大。此外,笔者还进行了两组补充试验以进一步考察该模型的适用性和准确性。补充试验分别为 $-5.6+4$ mm 煤样在加载为 450 N 和 $-11.2+8$ mm 煤样在填充率为 0.12 的条件下分别破碎 0.5 min、1 min、1.5 min、2 min 和 3 min。补充试验的数据点分别落在图 3-17 中两条拟合曲线附近,表明经典破碎模型能够精确描述仅加载力或填充率变化的颗粒破碎过程。

哈氏可磨仪的多组窄粒级物料破碎试验表明,颗粒粒度与单位输入能量呈负相关关系,即在相同破碎能量前提下,粗颗粒破碎产品 t_{10} 相对较高。因此,受 3.3.3 节中数据处理思路的启发,对 ZGM 型中速磨煤机内颗粒破碎模拟试验数据进行相同变换。考虑到不同磨盘转速下颗粒破碎行为的差异,本次数据处理对象包含煤样 A、C 以及煤样 B 在磨盘转速为 41.6 r/min 时的试验结果。单位输入能量与颗粒粒度的乘积和煤粉细度 t_{10} 关系以及式(3.5)拟合结果如图 3-18 所示,改进后破碎模型拟合相关系数为 0.92。将颗粒粒度嵌入经典破碎模型中,既拓宽该模型的应用范围,还揭示了入料粒度对颗粒破碎和能量效率的影响关系。该改进模型在哈氏可磨仪以及自制辊磨装置的应用,将为后续对比分析 E 型和 ZGM 型中速磨煤机的颗粒破碎效率等提供理论基础。

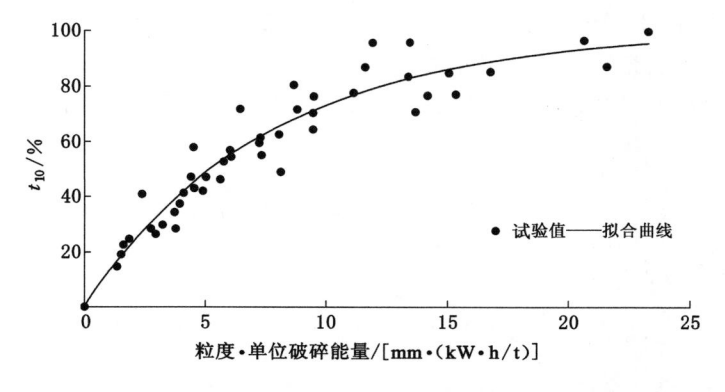

图 3-18　改进型破碎模型对自制辊磨装置试验数据的拟合结果

课题组前期采样试验表明:我国燃煤电厂制粉系统在破碎环节所消耗能量占厂自发电量的 0.5%～2%。在利用自制辊磨设备模拟研究工业 ZGM 型中速磨煤机破碎特性时,笔者发现较高的磨辊加载力和磨盘转速对其能量-破碎过程是有利的。与低转速相比,高转速利于磨制好的煤粉甩离磨盘,降低磨盘物料细度,提高颗粒破碎速率;此工况下较高的能量效率还将有助于降低磨机能耗。

3.5　基于实验室试验的两类磨机运行效率分析

在分析不同研磨设备或者球磨机中研磨介质对颗粒破碎影响时,研究人员在对比初始粒级破碎速率以及产品细度同时,还分析了输入能量与产物特征细度的关系,进而评价能量效率。笔者已分别利用加装功率测量仪的哈氏可磨仪和自制辊磨装置模拟研究 E 型和 ZGM 型中速磨煤机内颗粒破碎特性,并获取单位破碎能量与煤粉细度 t_{10} 的关系。虽然两类磨机具有相同的研磨机理,但设备结构的差异会致使颗粒破碎的能量效率不同,本节就上述问题展开讨论。模拟试验研究中所用两类设备的操作参数及部分试验结果如表 3-9 所示。

表 3-9　模拟试验研究中所用两类设备的操作参数及试验结果

磨机类型	哈氏可磨仪	自制辊磨装置
磨盘直径/mm	98	260
研磨介质直径/mm	25.4	200
研磨介质个数	8	1
磨介直径∶磨盘周长	2∶3	1∶4
入料粒度/mm	−4	−11.2+4
入料质量/g	50	60～120
磨辊加载力/N	284	200～400
磨盘转速/(r/min)	20	41.6
$A \cdot b$	14.45	12.94
A	76.03	99.55
b	0.19	0.13

哈氏可磨仪属标准化设备,其结构和运行参数均固定不变。与自制辊磨装置相比,哈氏可磨仪磨盘和研磨介质尺寸偏小,在入料粒度、质量以及磨盘转速方面均显著小于自制辊磨装置;但两者磨辊加载力差异相对较小。模拟试验研究表明嵌入粒度的能量-粒度减小模型,即式(3.5),均能够描述两类试验设备内颗粒的破碎过程,据此拟合求出的模型参数 A 和 b 以及两者乘积如表 3-9 所示。通常 $A \cdot b$ 被普遍用于表征颗粒抵抗破碎能量,数值越高代表颗粒抵抗强度越弱而易于被破碎。本次研究将颗粒粒度加入经典破碎模型,优化模型拟合参数 $A \cdot b$ 仍可定性比较颗粒抵抗破碎的能力。虽然破碎试验采用同一种煤样,但哈氏可磨仪试验结果 $A \cdot b$ 略高于自制辊磨装置,即颗粒在哈氏可磨仪内抵抗破碎的能力相对较弱。然而一般物料抵抗破碎能力随其粒度的减小而增加。经分析笔者认为导致此现象的原因是两类磨机结构参数不同:哈氏可磨仪含有 8 个研磨介质,直径总和占磨盘周长 2/3;而自制辊磨装置仅配有一个磨辊,磨辊直径为磨盘周长 1/4。上述差异致使磨盘旋转一周时,哈氏可磨仪内颗粒所经历破碎次数是自制辊磨装置的 2.67 倍,综合考虑两类磨机磨盘转速的差异,单位时间颗粒在哈氏可磨仪内的破碎次数是自制辊磨装置的 1.3 倍。较多的破碎次数使颗粒在哈氏可磨仪内较易破碎。

虽然前述研究证明经典破碎模型可描述各窄粒级物料破碎过程,但工业磨机中物料是多组窄粒级物料的集合体;而将颗粒粒度加入破碎模型将有助于对比分析不同类型中速磨煤机在破碎宽粒级物料的能量效率。本章所涉及的模拟试验研究选用相同煤样,故可忽略伴生矿物质种类及煤化程度等对煤样破碎的影响。试验中哈氏可磨仪和自制辊磨装置的煤样粒度不具备重合点,因此本节分别使用两台设备破碎模型拟合参数,共同对比预测共计 113 组破碎试验数据,结果如图 3-19 和图 3-20 所示。

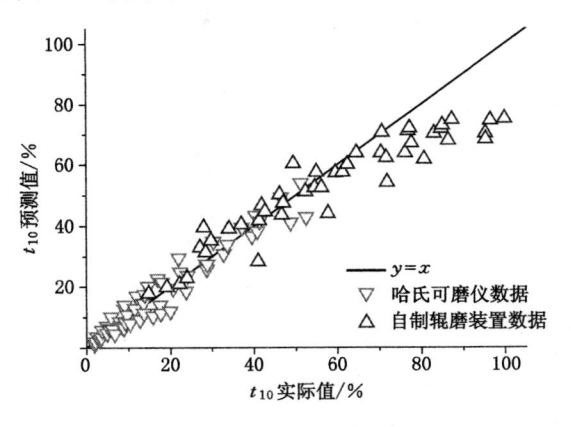

图 3-19　所有破碎试验 t_{10} 实际值与基于哈氏可磨仪模型
参数 t_{10} 预测值的对比

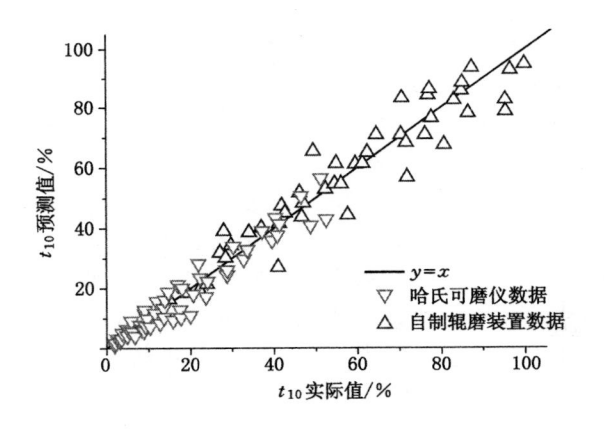

图 3-20　所有破碎试验 t_{10} 实际值与基于自制辊磨装置模型
参数 t_{10} 预测值的对比

对比两图发现,在 t_{10} 实际值小于 70% 的条件下,两台辊磨设备的经典破碎模型参数所预测的 t_{10} 与实际值相差较少,数据点均匀分布在 $y=x$ 直线附近。当煤粉细度超过 70%,试验数据点多源自自制辊磨装置,基于哈氏可磨仪破碎模型参数的预测值较实际值偏小,而自制辊磨装置模型参数预测结果则相对较好。在式(3.5)中,拟合参数 A 象征着煤粉细度 t_{10} 的极大值。煤样在哈氏可磨仪内所受加载力相对较小,颗粒破碎程度较弱;在破碎比均为 10 的前提下,哈氏可磨仪破碎试验中 t_{10} 所对应的煤粉粒度远小于自制辊磨装置。基于雷廷格的面积假说推论,在获得相同煤粉细度 t_{10} 时,由于入料粒度的差异,哈氏可磨仪需消耗相对较多的能量;而当两台辊磨机输入相同的破碎能量时,自制辊磨装置将磨制出 t_{10} 更高的煤粉。入料粒度和破碎能量效率的差异致使研磨时间相同时,哈氏可磨仪研磨产品 t_{10} 较自制辊磨装置低,模型拟合参数 A 值也较低。此种情况下,已知自制辊磨装置输入能量和入料粒度,利用基于哈氏可磨仪的模型参数计算其煤粉细度 t_{10} 时,计算结果将小于实际值。与哈氏可磨仪不同,虽然自制辊磨装置模拟试验研究仅选取$-11.2+4$ mm 煤样,但因其磨辊较大,能够破碎哈氏可磨仪试验中所利用的-4 mm 煤样,因而其模型参数对细粒煤破碎过程具有相对较好的预测结果 。

模拟试验研究中煤样在哈氏可磨仪和自制辊磨装置中的破碎过程能够利用同一破碎模型及基于自制辊磨装置破碎试验的模型参数表征,说明两类设备的研磨和能量效率是相同的。但结合本节前述分析,单位时间内,颗粒在哈氏可磨仪中所经历破碎次数是自制辊磨装置的 1.3 倍,据此推论在破碎次数相同的前提下,自制辊磨装置的能量效率要优于哈氏可磨仪。虽然模拟试验表明与 ZGM型中速磨煤机具有相同研磨机理的辊磨装置能量效率更高,但考虑到工业型与试验型设备间的差异,上述结论还有待工业型试验数据的进一步验证。

3.6 重复性破碎试验

在本章模拟研究中,笔者依托多组破碎、筛分和能耗数据将经典破碎模型及其改进模型用于描述中速磨煤机中颗粒的能耗-粒度减小过程。为确保上述试验的准确性,分别对两台破碎设备进行重复试验。重复试验结果如表 3-10 和表3-11 所示。

表 3-10 哈氏可磨仪的重复破碎试验结果

破碎产物粒度 /mm	试验 1	试验 2	试验 3	均值	98%置信水平	98%置信水平与均值之比(×10²)
$-2.8+2$ mm 煤样破碎 120 s						
$-2+1.25$	5.26	3.61	4.87	4.58	0.95	20.74
$-1.25+0.71$	25.98	26.93	26.06	26.32	0.58	2.20
$-0.71+0.5$	12.99	13.47	13.03	13.16	0.29	2.20
$-0.5+0.25$	24.25	24.32	24.34	24.30	0.05	0.21

表 3-10(续)

破碎产物粒度 /mm	试验 1	试验 2	试验 3	均值	98%置信水平	98%置信水平与均值之比(×10²)
−0.25+0.125	14.03	14.07	14.06	14.05	0.02	0.14
−0.125+0.09	5.72	5.91	5.49	5.71	0.23	4.03
−0.09+0.074	0.97	0.95	1.02	0.98	0.04	4.08
−0.074	10.38	10.74	11.13	10.75	0.41	3.81
破碎能耗/(kW·h/t)	13.43	12.95	13.55	13.31	0.35	2.63
−1.28+0.71 mm煤样破碎90 s						
−1.25+0.71	22.26	21.23	23.04	22.17	1.00	4.51
−0.71+0.50	26.32	27.04	25.61	26.33	0.79	3.00
−0.5+0.25	26.15	25.72	25.49	25.78	0.37	1.44
−0.25+0.125	11.59	12.29	12.13	12.01	0.40	3.33
−0.125+0.09	3.54	3.77	3.73	3.68	0.14	3.80
−0.09+0.074	1.81	1.90	1.85	1.85	0.05	2.70
−0.074	8.33	8.05	8.15	8.18	0.16	1.96
破碎能耗/(kW·h/t)	8.80	8.65	8.91	8.79	0.14	1.59

表 3-11　自制辊磨设备的重复试验结果

试验结果	试验 1	试验 2	试验 3	均值	98%置信水平	98%置信水平与均值之比(×10²)
煤样 A1						
t_{10}/%	68.87	71.93	70.45	70.42	2.05	2.91
破碎能量/(kW·h/t)	2.08	1.98	2.10	2.05	0.09	4.39
煤样 A2						
t_{10}/%	62.40	60.85	63.98	62.41	2.10	3.37
破碎能量/(kW·h/t)	1.70	1.69	1.65	1.68	0.03	1.78
煤样 B1						
t_{10}/%	55.47	57.58	55.04	56.03	1.83	3.27
破碎能量/(kW·h/t)	1.12	1.16	1.18	1.15	0.04	3.48
煤样 B2						
t_{10}/%	61.34	64.05	63.77	63.05	2.00	3.17
破碎能量/(kW·h/t)	0.99	1.05	1.04	1.03	0.04	3.92

表 3-11(续)

试验结果	试验 1	试验 2	试验 3	均值	98%置信水平	98%置信水平与均值之比(×10²)
煤样 C1						
$t_{10}/\%$	90.46	88.68	92.67	90.60	2.69	2.97
破碎能量/(kW·h/t)	1.23	1.21	1.29	1.24	0.06	4.84
煤样 C2						
$t_{10}/\%$	77.23	75.29	76.98	76.50	1.42	1.86
破碎能量/(kW·h/t)	1.85	1.81	1.91	1.86	0.07	3.76

两表的数据表明:除个别试验外,其他试验的数据均落在 98%的置信区间内,且 98%置信水平与均值之比均小于 5%,说明哈氏可磨仪和自制辊磨装置窄粒级破碎试验误差较小。窄粒级煤样在矿物学性质等方面较小的差异使得试验数据的重复性较好。

3.7　本章小结

本章采用了试验模拟研究的方法,分别利用加装功率测量仪的哈氏可磨仪和自制辊磨装置分析 E 型和 ZGM 型中速磨煤机中煤炭的破碎行为。窄粒级原煤在两类模拟设备中的破碎速率均符合一级动力学模型;但在哈氏可磨仪间断破碎试验中,细颗粒在磨盘中累积所产生的缓冲效应致使输入能量降低,颗粒破碎速率下降。选取 t_{10} 表征煤粉细度,并在讨论两类辊磨设备与经典破碎模型起源设备——落锤试验仪差异的基础上,将经典破碎模型用于描述辊磨试验中各固定参数条件(磨盘转速除外)下窄粒级物料能量-粒度减小过程。同时将物料粒度嵌入破碎模型中得到改进模型如式(3.5)所示。

自制辊磨装置磨盘转速变化导致破碎能量效率巨大波动,本章将改进后的经典破碎模型拓展到相同磨盘转速,但入料粒度、加载力和填充率不同的颗粒破碎过程。

在对比两类实验室辊磨装置能量效率时,发现基于自制辊磨装置破碎试验的模型参数以及嵌入颗粒粒度的破碎模型能够表征各窄粒级煤炭的破碎过程,表明两类设备内物料破碎时具有相同的能量效率。但单位时间内,颗粒在哈氏可磨仪中所经历破碎次数是自制辊磨装置的 1.3 倍,表明在破碎次数相同的前提下,自制辊磨装置的能量效率要优于哈氏可磨仪。此外,两类模拟设备的重复性试验表明数据均在 98%置信区间内,且置信水平与试验平均值之比小于 5%。

表明试验结果可信度和重复性高。

　　虽然模拟研究与工业型中速磨煤机在试验条件和破碎环境等方面仍有不同,但所使用的破碎设备与中速磨煤机具有相同的研磨机理。因此,试验结论对于研究分析工业型中速磨煤机的破碎行为有一定的借鉴。特别对于描述能量-粒度减小过程数学模型的确立,将为预测磨机出力、研磨能耗、对比分析不同磨机的能量效率等提供理论基础。

4 中速磨煤机内多相混合破碎的模拟研究

4.1 概述

我国电厂普遍燃用灰分较高的劣质煤。伴生矿物与有机质在硬度、可磨性等方面存在差异,研磨过程中逐渐解离的矿物将影响料床中煤粒的破碎,导致其破碎速率、输入能量以及煤粉细度等发生变化。因此,考察多相混合环境中各相破碎行为具有重要实际意义。除矿物质组成多元外,磨盘物料也呈现多来源的特点。除新鲜料外,锥形体和煤粉分离器的底流也将返回磨盘。工业采样试验表明:煤粉分离器返料的 P_{80} 仅为 0.2 mm。床层中的细颗粒将会影响新鲜给料的破碎、能量输入等。中速磨煤机内的多相混合破碎可以分为三类:① 相同粒级不同矿物(煤及主要伴生矿物)不同体积比的混合破碎;② 不同质量比粗粒原煤与煤粉的混合破碎;③ 多组窄粒级原煤的混合破碎。本章将采用加装功率测量仪的哈氏可磨仪进行多组分纯矿物混合破碎试验,重点考察各相破碎行为以及产物细度 t_{10} 和破碎能量间的关系;将混合物性质引入破碎模型,并把混合破碎中各相间的相互影响体现在破碎能量中,初步探讨混合破碎的能量分配问题。考虑到纯矿物破碎仅涉及粒度减小过程,未纳入煤中伴生矿物解离对能量消耗、颗粒破碎行为的影响,因此进一步设计窄粒级超纯煤及中煤的多粒级混合破碎试验,基于 t_{10} 对应特征粒度附近物料产率与粒度呈线性关系的假设,联合包含混合物加权粒度的破碎模型,研究多粒级原煤在中速磨煤机内破碎的能量分配问题;同时分析细颗粒的加入对粗颗粒能量-粒度过程的影响。

4.2 多相混合破碎试验

4.2.1 同粒级多组分混合破碎试验

本试验系统包括一台标准哈氏可磨仪、三相功率测量仪和计算机。计算机上安装功率测量仪的记录软件,可每秒记录功率信号。采用差值法计算物料的研磨能耗:分别记录磨机负荷和空载时消耗的功率,两者相减再与时间积分即可获得物料破碎能量。

　　同粒级多组分混合破碎试验物料包括采自宁夏太西选煤厂的超纯煤以及所购买的煤中常见的伴生矿物黄铁矿和方解石,三种物料的莫氏硬度分别为 4、7 和 3。上述样品先经颚式破碎机粗碎,然后筛分截取 −2.8+2 mm 窄粒级物料。基于矿物粒度减小是体积破碎的过程,在单一和混合破碎环节均选取 55 mL 物料。超纯煤分别与黄铁矿(混合物 A)和方解石(混合物 B)混合,物料体积比分别为 7∶1、3∶1、2∶1 和 1∶1,破碎时间为 30 s、60 s、90 s 和 120 s。研磨过程所消耗能量由功率测量仪及附带软件实时监测,研磨试验结束后,利用 2 mm、1.4 mm、0.71 mm、0.5 mm、0.355 mm、0.20 mm 和 0.09 mm 的套筛分析磨后物料的粒度组成。由于超纯煤、黄铁矿和方解石的密度差异较大,分别为 1.25 g/cm³、5 g/cm³ 和 2.8 g/cm³,因此配置密度为 1.5 g/cm³ 的有机溶液,在重力场中实现对 +0.09 mm 各窄粒级产品中不同组分的分离;−0.09 mm 超细颗粒则利用小浮沉分离各相。试验路线如图 4-1 所示。

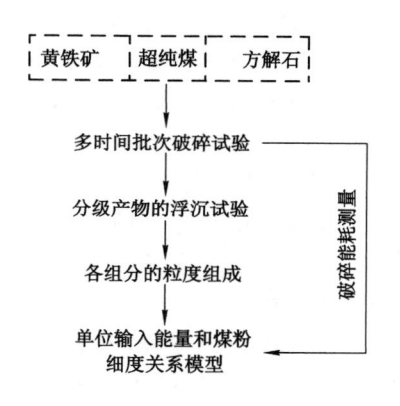

图 4-1　同粒级多相混合破碎试验路线

4.2.2　多粒级混合破碎试验

　　中速磨煤机入料粒度组成复杂,与窄粒级物料破碎相比,各粒级颗粒在破碎中相互影响,导致破碎行为的变化;而破碎行为变化的本质则是各粒级物料所分配的破碎能量的不同。为研究此问题,本书率先准备三组窄粒级超纯煤(避免煤中伴生矿物质对颗粒破碎的影响),即 −2.8+2 mm、−2+1.25 mm 和 −1.25+0.71 mm。相邻各粒级物料两两混合,混合物质量 40 g(标准哈氏可磨性指数测定试验所需物料为 50 g,但因为超纯煤密度较小,故将研磨质量减少至 40 g),混合比例分别为 3∶1、1∶1 和 1∶3(粗颗粒在前)。混合物在加装功率测量仪的哈氏可磨仪内破碎,研磨时间分别为 10 s、20 s、30 s、60 s、

90 s、120 s、180 s、240 s 和 300 s。试验结束后,利用 2 mm、1.25 mm、0.71 mm、0.5 mm、0.25 mm 和 0.125 mm 的套筛对破碎产品进行筛析。同时,筛取某选煤厂中煤产品中−2.8+2 mm、−2+1.25 mm 和−1.25+0.71 mm 粒级煤样,相邻粒级按质量比 1:1 混合,破碎时间参照前述试验方案。通过对比分析,尝试建立超纯煤多粒级混合破碎中基于能量-粒度减小模型的能量分配模型,并验证其在中煤混合破碎中的适应性。

此外,本章还设计不同质量比的粗粒原煤与煤粉的混合破碎试验以分析细颗粒的加入对粗颗粒破碎行为和输入能量等的影响。试验选择 5 种具有不同哈氏可磨性指数的煤样。混合破碎中粗颗粒选取各煤样破碎后筛取的−1.25+0.63 mm 窄粒级物料,细颗粒则为第五种煤样的−0.074 mm 物料。每次研磨试验选用 55 mL 的粗颗粒煤样。如前所述,颗粒粒度减小是一个体积破碎过程。因此,细颗粒物料加入的前提是仅占据粗颗粒间的空隙而不会对混合物体积产生影响。通过测定加入不同质量细颗粒时的物料体积,最终确定加入上限为 10 g。研磨试验中,细粒物料的加入质量分别为 2.5 g、5 g、7.5 g 和 10 g,研磨时间分别为 30 s、60 s、90 s 和 120 s。每次试验结束后,利用 0.63 mm 和 0.074 mm 套筛分析产品粒度组成。

4.3 同粒级多相混合颗粒破碎行为及模型化

4.3.1 矿物在单独及多相混合中的破碎行为

Kapur 在多相混合破碎试验中发现,各相产物粒度分布是不受破碎环境影响的。该结论成立的前提是矿物在单一或混合破碎条件下破碎路径重合,如图 4-2 所示。然而,仅使用 3 个尺寸并不能准确表征破碎产物粒度组成。在本书多组分混合破碎试验中,选用 7 个筛比为 $\sqrt{2}$ 的套筛以表征粒度。图 4-3 为不同破碎时间时各比例混合物 A 的粒度累积分布图。黄铁矿和超纯煤的莫氏硬度分别为 7 和 4,混合物硬度随黄铁矿体积比的增加而增加,增加了物料抵抗破碎的能力。因此,在破碎时间相同时,产品细度随黄铁矿体积比的增加而降低。图 4-4 为超纯煤在单一和混合物 A 破碎时产物粒度累积分布。在破碎初始阶段,最大粒级残余量随混合物中黄铁矿体积比的增加而减少;随着时间延长,初始粒级消失,超纯煤破碎产品细度随黄铁矿体积比的增加而降低。混合物中超纯煤产品细度始终低于单一破碎。这表明混合破碎中,硬矿物的存在减缓了细颗粒超纯煤的生成速率。

混合物 B 中,方解石和超纯煤的莫氏硬度较为接近,分别为 3 和 4,混合物

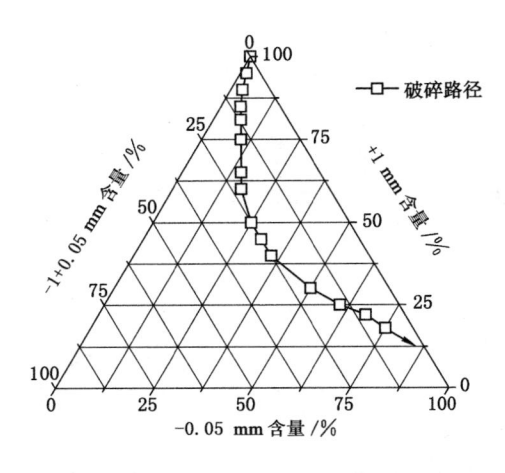

图 4-2　矿物单独或混合破碎时相同的破碎路径

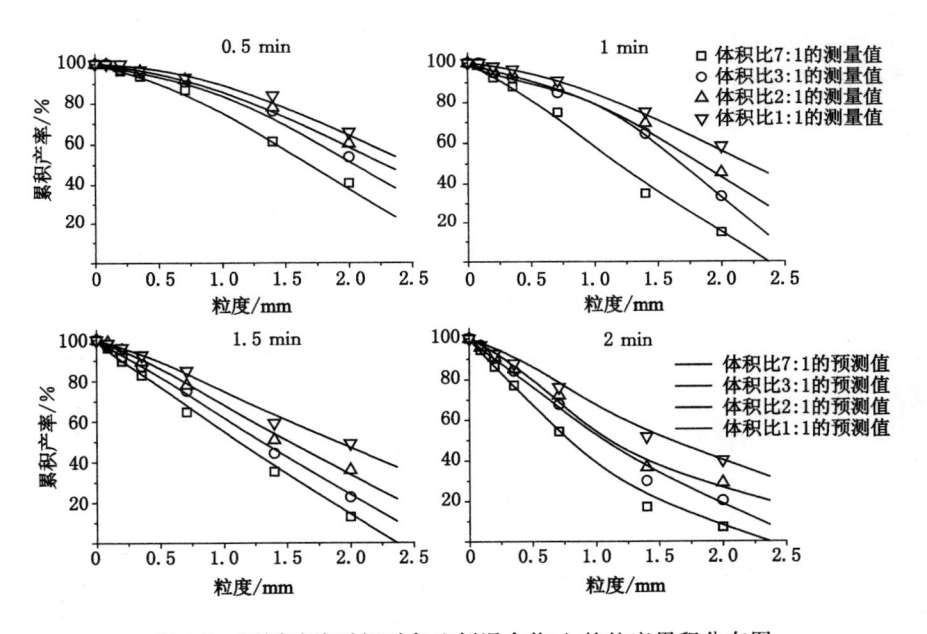

图 4-3　不同破碎时间时各比例混合物 A 的粒度累积分布图

硬度随方解石体积比的增加而降低，抵抗破碎的能力也逐渐减小。图 4-5 为不同破碎时间时各比例混合物 B 的粒度累积分布图。由于不同比例混合物间质量加权硬度较为接近，累积粒度分布曲线间的差异相对较小，且这种差异随研磨时间的延长进一步缩小。各成分间较小的硬度差异致使混合破碎不随破碎环境

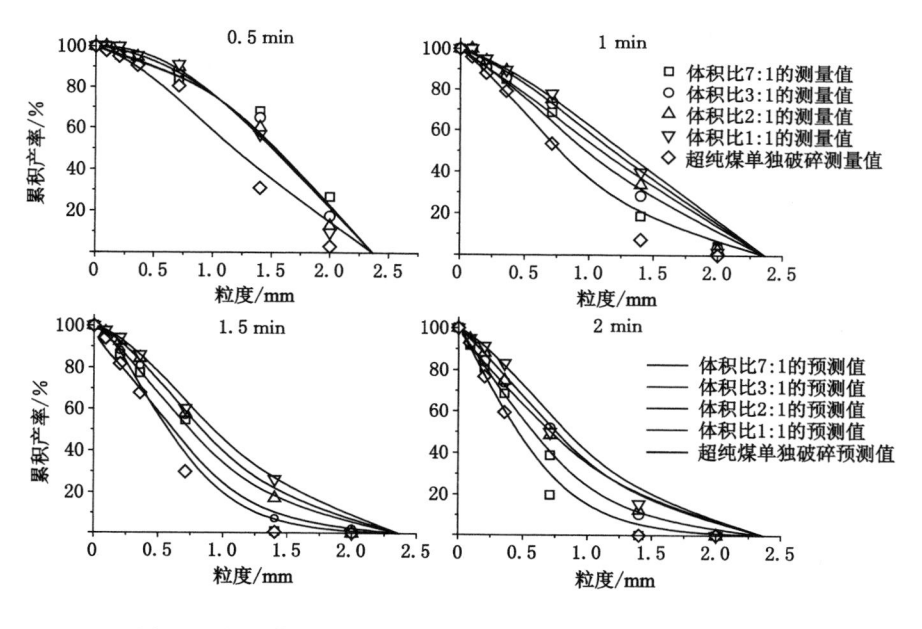

图 4-4　超纯煤在单一和混合物 A 破碎时产物粒度累积分布图

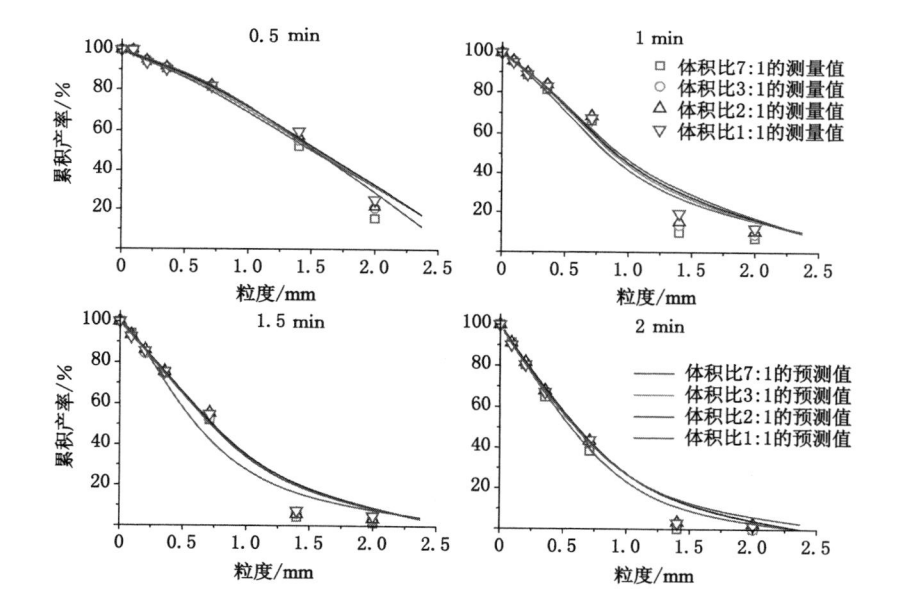

图 4-5　不同破碎时间时各比例混合物 B 的粒度累积分布图

（各相体积比）的改变而变化。图 4-6 为超纯煤在单一和混合物 B 破碎时产物粒度累积分布图。作为混合物中硬度相对较大的组分，超纯煤产品细度较单一破碎时粗；产品细度的差异主要是混合破碎中－2＋1.4 mm 粒级产率较高，而－1.4＋0.71 mm 粒级产率偏低。不同比例混合物 B 中超纯煤的粒度累积分布曲线几乎重合。

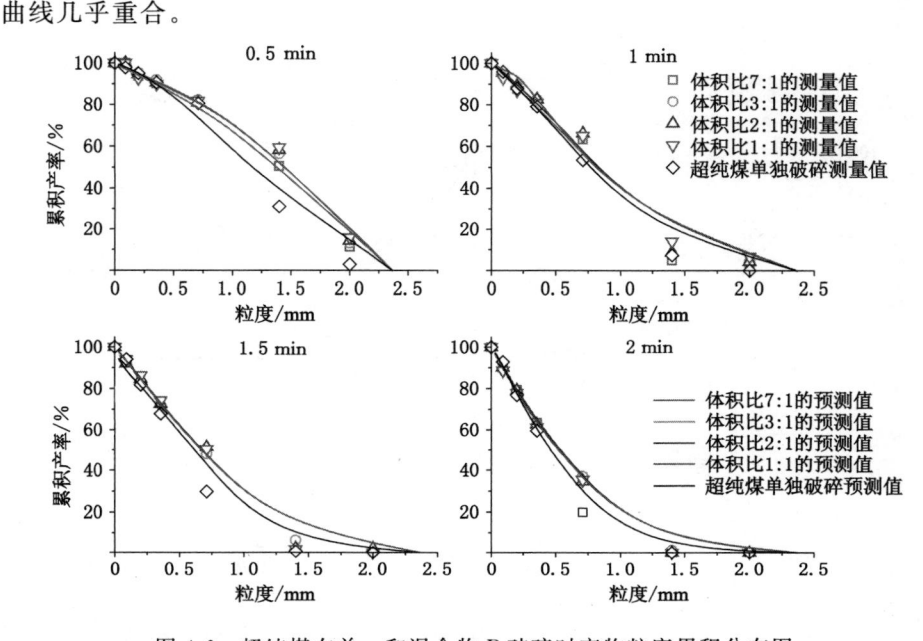

图 4-6   超纯煤在单一和混合物 B 破碎时产物粒度累积分布图

除破碎产物粒度分布外，本章还分析了混合破碎中各窄粒级组分初始粒级的破碎行为。试验数据如表 4-1 所示。由表 4-1 可知，混合物 A 中，初始粒级黄铁矿在所考察的破碎时间内没有完全破碎，而初始粒级超纯煤则在 90 s 之前消失；混合物 B 中初始粒级方解石和超纯煤分别在 120 s 和 90 s 全部破碎。为表征初始粒级的破碎行为，率先在半对数直角坐标系中绘制初始粒级残余量与破碎时间关系的曲线，如图 4-7 所示。该图表明曲线几乎呈直线形式，故符合一级动力学模型。利用式（3.6）所计算的混合物及各组分破碎速率如表 4-1 所示。混合物 A 的加权硬度相对较高，其抵抗破碎能力较强，因此初始粒级破碎速率要低于混合物 B。随着黄铁矿体积比的增加，混合物 A 的加权硬度变大，破碎速率降低；而对于混合物 B，虽然方解石含量的增加会降低加权硬度，但破碎速率却也呈现降低的趋势。分析认为上述试验现象归因于方解石特殊的晶体结构。作为多晶体结构矿物，方解石很容易在冲击力作用下碎裂为小块晶体；但相对缓慢的挤压力作用对其破碎程度较弱。单一矿物破碎试验表明：相同体积的方解石和煤在哈氏可磨仪中分别研磨 120 s 和 90 s 后初始粒级消失,破碎速率分别为 0.012 2 s^{-1} 和 0.051 1 s^{-1}。因此,虽然方解石的莫氏硬度低于超纯煤,但在料层挤压破碎中,其破碎难度要高于超纯煤。故混合物 B 中方解石含量的增加导致其抵抗破碎的能力提高,混合物破碎速率降低。

表 4-1　多组分混合破碎中混合物及各相初始粒级残余量及破碎速率

体积比 (煤：黄铁矿)	各相初始粒级 残余量/%	破碎时间/s					破碎速率 /s^{-1}
		0	30	60	90	120	
7：1	混合物 A	100	40.85	14.82	10.80	6.70	0.009 8
	煤	100	26.71	4.33			0.022 7
	黄铁矿	100	64.78	36.65	29.61	18.41	0.006 1
3：1	混合物 A	100	53.82	33.54	21.43	17.44	0.006 3
	煤	100	17.45	3.46			0.024 3
	黄铁矿	100	79.74	55.48	37.51	30.52	0.003 7
2：1	混合物 A	100	60.46	45.46	36.09	29.17	0.004 3
	煤	100	12.73	2.58			0.026 5
	黄铁矿	100	84.11	66.42	54.40	45.17	0.002 9
1：1	混合物 A	100	65.73	58.34	49.09	40.17	0.003 3
	煤	100	9.57	1.40			0.030 9
	黄铁矿	100	78.40	72.08	60.00	49.63	0.002 5

体积比 (煤：方解石)	各相初始粒级 残余量/%	破碎时间/s				破碎速率 /s^{-1}
		0	30	60	90	
7：1	混合物 A	100	15.47	5.44	1.25	0.021 1
	煤	100	11.33	3.09		0.025 2
	黄铁矿	100	28.09	13.06	5.12	0.014 3
3：1	混合物 A	100	20.71	8.92	2.93	0.017 0
	煤	100	13.17	4.14		0.023 1
	黄铁矿	100	30.05	15.45	7.00	0.012 8
2：1	混合物 A	100	21.47	10.23	3.59	0.016 1
	煤	100	14.33	4.36		0.022 7
	黄铁矿	100	28.09	15.62	6.92	0.012 9
1：1	混合物 A	100	24.77	11.96	4.98	0.014 5
	煤	100	15.88	6.68		0.019 6
	黄铁矿	100	28.83	14.37	7.08	0.012 8

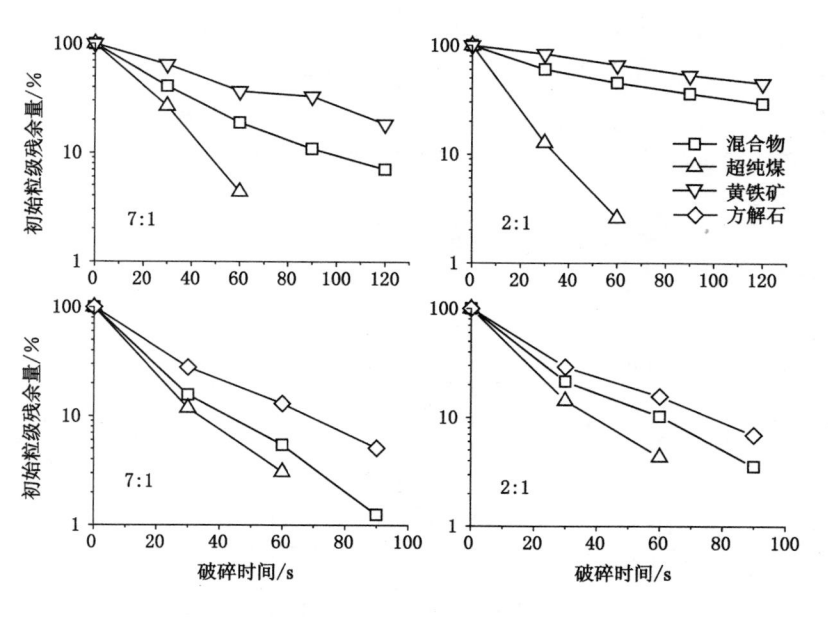

图 4-7　部分混合物及其中的各组分的初始粒级残余量与破碎时间关系

　　与单一破碎相比,混合破碎各组分的破碎行为将受其他组分的影响。图 4-8 再现了哈氏可磨仪中多相混合破碎过程,充分混合的物料处在研磨介质和磨盘之间。首先,假设颗粒 A 和颗粒 B 分别代表较软和硬的颗粒。由几何形体分析可知,研磨介质和磨盘的接触属于线接触。位于料床顶层的软矿物被硬矿物包围,硬矿物会阻碍钢球与软矿物的进一步接触,使软矿物不能破碎。但对位于床层其他高度的物料而言,硬矿物将会起到研磨介质的作用促进软矿物破碎,并且这种加速效应随硬矿物体积比的增加而更加明显。由表 4-1 数据可知,混合物 A 中煤的破碎速率随黄铁矿含量的增加从 0.022 7 s^{-1} 增加到 0.030 9 s^{-1};而由于方解石和超纯煤间的莫氏硬度差距较小,方解石破碎速率变化甚微,仅增加了 0.001 5 s^{-1}。而当颗粒 A 和颗粒 B 分别代表硬和软矿物时,料床顶层的硬矿物被软矿物包围。与硬矿物单独破碎相比,其周围软矿物对钢球破碎作用的阻碍仍小于硬矿物颗粒,故将促进硬矿物颗粒的破碎。因此对于混合物 A 中的黄铁矿,其初始粒级破碎速率由 0.002 5 s^{-1} 增加到 0.006 1 s^{-1}。然而混合物 B 中超纯煤的破碎速率却随着方解石含量的增加而下降。如前所述,虽然方解石的莫氏硬度低于超纯煤,但其抵抗挤压力破碎的能力相对较高。因此,包围在超纯煤周围的方解石将阻碍钢球与其接触。此外,由于方解石硬度较超纯煤低,因而不能破碎其他料层的超纯煤,最终导致超纯煤的破碎速率随方解石体积比的增加而降低。

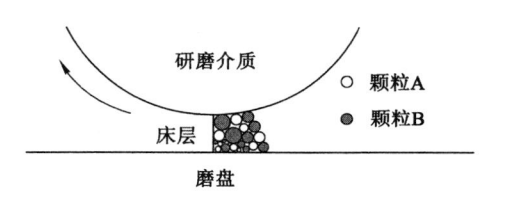

图 4-8 哈氏可磨仪中的多组分混合破碎过程

4.3.2 同粒级多组分混合破碎模型

在 3.3.3 节和 3.4.2 节将经典破碎模型及其改进模型引入中速磨煤机内窄粒级颗粒破碎基础上,本节再次尝试用其描述同粒级多相混合的破碎过程。因此,本节同样选用参数 t_{10} 来表征磨后产物细度。本试验物料 t_{10} 所对应的尺寸为 0.24 mm,由于未配备相应尺寸的套筛,故在磨后产物粒度分析基础上利用 R-R 方程拟合后获得各试验条件下 t_{10}。同粒级多组分混合破碎试验数据如表 4-2 所示。

表 4-2 同粒级多组分混合破碎试验数据

混合比	破碎时间 /min	混合物 A		混合物 B	
		t_{10}/%	破碎能量/(kW·h/t)	t_{10}/%	破碎能量/(kW·h/t)
7:1	0.5	4.18	1.01	6.58	0.97
	1	8.30	1.97	12.86	1.88
	1.5	11.72	2.90	17.01	2.76
	2	13.86	3.80	22.70	3.60
3:1	0.5	3.04	0.75	6.04	0.92
	1	6.27	1.44	11.57	1.79
	1.5	8.51	2.14	17.57	2.64
	2	11.44	3.30	22.69	3.48
2:1	0.5	1.96	0.62	5.74	0.88
	1	4.52	1.01	11.45	1.77
	1.5	6.07	1.76	16.00	2.61
	2	8.08	2.18	21.05	3.44
1:1	0.5	0.92	0.39	5.08	0.85
	1	2.96	0.86	11.41	1.70
	1.5	4.44	1.53	15.82	2.52
	2	5.56	1.84	20.21	3.32

由表 4-2 可知,混合物 A 在相同时间时的破碎能量及产物细度随黄铁矿体积比的增加而大幅度降低;而混合物 B 的能量特征参数随方解石体积比的提高而减小;但由于不同体积比混合物 B 的质量加权硬度差异较小,故其能量特征参数降幅不大。JK 矿物研究中心 Shi 教授在哈氏可磨仪基础上开发出 JK 细颗粒破碎仪,在讨论该设备与落锤试验仪结构差异的基础上,将试验物料粒度和密度参数嵌入破碎模型中。在窄粒度-密度破碎试验中,JK 细颗粒破碎仪的输入能量不仅用于颗粒破碎,还促进了煤中伴生矿物的解离;而由于本次同粒级多组分混合破碎试验中选用纯矿物,因而输入能量仅用于物料破碎。但考虑到本次试验所用哈氏可磨仪具有与 JK 细颗粒破碎仪相同的研磨机理,经典破碎模型[式(3.3)]仍用来表征多组分的能量-粒度减小过程。

通过 Matlab 编程,利用式(3.3)对同粒级多组分混合破碎的试验数据进行拟合,结果如图 4-9 所示。该图表明:经典破碎模型能够很好地描述各个比例矿物的混合破碎,曲线拟合的相关系数高于 0.97。由于各比例混合物 B 间的质量加权莫氏硬度相差较少,其能量-粒度曲线接近重合。而对混合物 A 而言,随着黄铁矿体积比的增加,混合物的加权莫氏硬度逐渐变大,破碎至相同细度将需要更多能量。尽管经典破碎模型能够很好地描述各混合条件下的破碎,但不同混合条件下加权莫氏硬度的差异导致试验数据呈离散分布。在此前 Shi 教授的破碎试验中,煤样粒度和密度的差异导致试验数据较为离散。通过使用物料粒度和密度处理试验数据,即将粒度、密度嵌入破碎模型,最终实现对多组粒度-密度物料破碎过程的表征。本节试验数据表明:随着混合物加权莫氏硬度的增加,拟合曲线逐渐向下方移动。如果将实测能量数据除以相应混合物加权莫氏硬度,

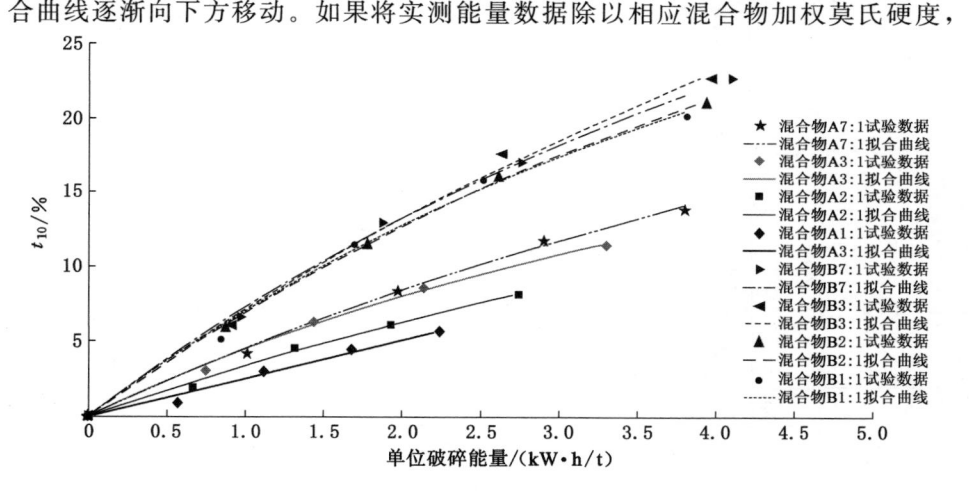

图 4-9　多组分混合破碎的试验数据及拟合曲线

曲线均向左移动,而由于各混合物莫氏硬度不同,试验数据的离散性将会因曲线移动程度的不同而减小。为此,修正后的破碎模型为:

$$t_{10} = A \times (1 - e^{-b \cdot E_{cs}/H_w}) \tag{4.1}$$

式中,H_w为混合物质量加权莫氏硬度;其他参数同式(3.3)。

处理后的试验数据及拟合曲线如图 4-10 所示。对比图 4-9,试验数据的离散度大幅降低,而且嵌入莫氏硬度的破碎模型能够描述不同混合情况下的破碎,相关系数为 0.96。利用该模型计算得到的产品细度 t_{10} 与试验结果的对比如图 4-11 所示。为校验修正模型的准确性,再次进行了超纯煤：黄铁矿和超纯煤：方解石体积比为 1：2 的破碎试验,研磨试验同此前的试验安排。补充试验的数据点均落在拟合曲线附近,表明该模型具有较好的适用性。由于莫氏硬度仅作为描述矿物硬度的经验参数,将其直接用于煤炭破碎过程将会限制。为提高试验精度及适用性,后续须测量矿样的显微硬度,但本修正模型仍具有参考价值。

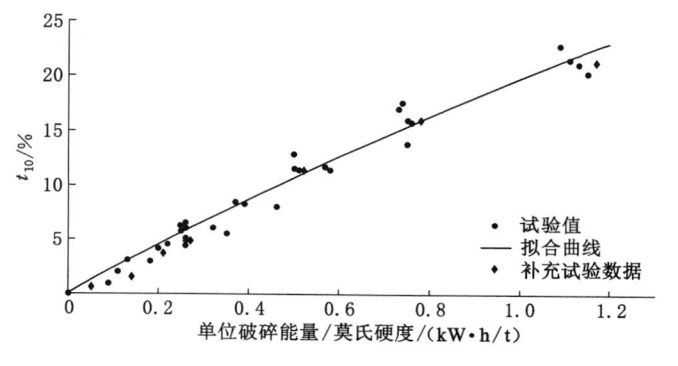

图 4-10　试验和拟合数据及优化破碎模型拟合曲线

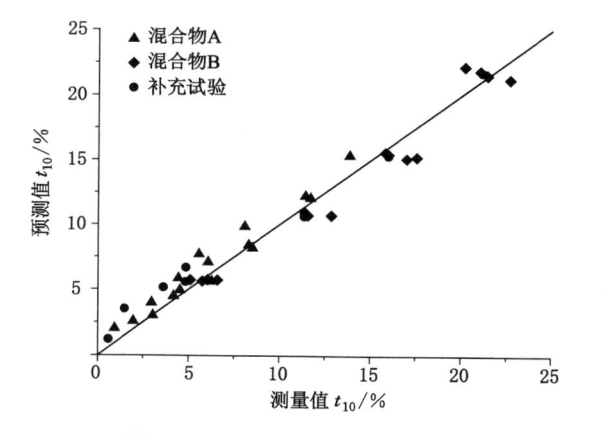

图 4-11　试验和预测数据对比图

4.4 多粒级混合破碎中颗粒破碎行为及模型化

4.4.1 多粒级混合破碎的能量粒度减小模型

在第 3 章处理多组窄粒级煤样破碎数据时,将颗粒粒度加入经典破碎模型。虽然优化后的破碎模型包含待磨物料粒度,但其所对比分析的对象仍为窄粒级物料,尚未真正上升到对多粒级混合破碎的表征。与窄粒级物料相比,混合破碎中各粒级物料间的相互影响致使其破碎行为与单独破碎相偏离。但为考究加入物料粒度的经典破碎模型对多粒级混合破碎的适应性,本节再次利用式(3.5)对上述试验数据进行拟合(多粒级混合物 t_{10} 所对应的特征粒度为各窄粒级物料特征粒度的加权平均值),超纯煤和炼焦中煤的多粒级混合破碎试验结果的拟合情况分别如图 4-12 和图 4-13 所示。本试验所用超纯煤灰分小于 3%,故混合破碎中仅存在各粒级间的相互影响。改进后的破碎模型对试验数据较好的拟合效果表明,建立在多组窄粒级煤炭破碎基础上的模型能够描述多粒级混合破碎。与超纯煤试验相比,炼焦中煤混合破碎除包含各粒级间的相互影响外,煤中伴生矿物质还将提高混合破碎的复杂性,逐步解离的矿物质将对煤的破碎行为产生影响。但图 4-13 显示式(3.5)仍对中煤试验数据具有较高拟合精度,其 R^2 达到 0.99,表明该模型有较好的适应性。

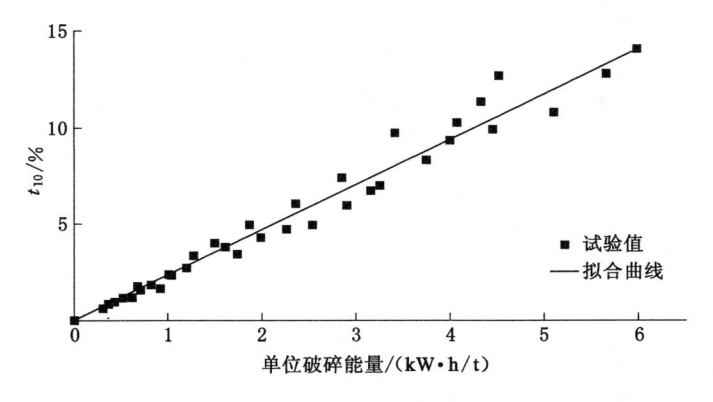

图 4-12　优化的破碎模型对超纯煤窄粒级混合破碎试验数据的拟合结果

本次试验中,破碎时间相对较短,煤粉细度 t_{10} 均小于 30%,而炼焦中煤的则小于 15%。相对较短的破碎时间导致煤粉细度 t_{10} 和能量曲线并未呈现模型所应描述的曲线形式而接近于直线,因而后续应继续延长破碎时间以进一步观察曲线形式。此外炼焦中煤中嵌布均匀的伴生矿物质导致其性质较为均匀,破碎过程中伴

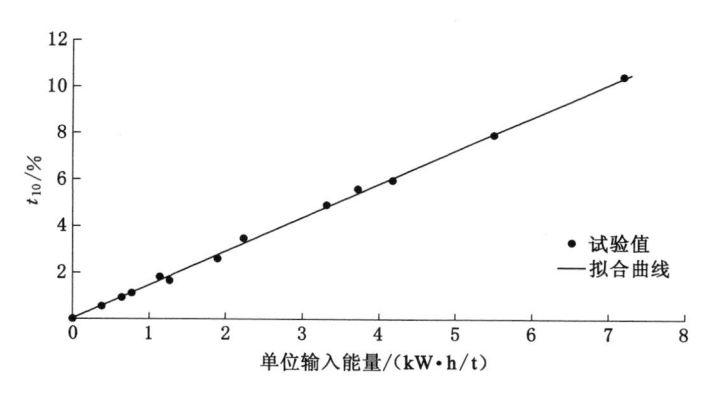

图 4-13　优化的破碎模型对炼焦中煤窄粒级混合破碎试验数据的拟合结果

生矿物质的影响相对较小,故后续须利用灰分更高或者不同密度级的混合物进行多粒级的混合破碎试验以进一步验证包含粒度参量模型的拟合效果。

4.4.2　颗粒破碎行为及能量输入对细颗粒添加的响应

粗细颗粒混合破碎试验中所选用的各煤样性质及破碎特性如表 4-3 所示。由表可知,五种样品的哈氏可磨性指数(HGI)随煤化程度的降低而降低,而破碎速率则随哈氏可磨性指数的增加而提高。粗颗粒破碎产品的灰分较原煤高,而细颗粒产品则较小,这表明五种煤样均存在选择性破碎。但各煤样粗颗粒间灰分差异的程度显著不同,煤样 B 为炼焦中煤,伴生矿物相对均匀地嵌布在煤中,故其破碎的选择性现象较弱。从表 4-3 中还可以看出,破碎能量随产品与原煤间灰分差异的变大而降低。对煤炭而言,伴生矿物与煤的结合面强度相对较弱,颗粒破碎过程中,伴生矿物解离时所消耗的能量最少。因此,破碎能量随选择性破碎现象的增强而减弱。

表 4-3　各煤样的 HGI、破碎能量及初始粒级破碎速率

煤样	来源	HGI	破碎能量 /J	初始粒级破碎 速率/s^{-1}	灰分/%		
					原煤	+0.71 mm	-0.074 mm
A	潞安贫煤	68.44	2 751.41	0.004 5	26.40	55.44	25.19
B	炼焦中煤	61.62	3 266.76	0.003 5	29.35	30.21	28.36
C	淮南气煤	51.50	2 847.69	0.003 3	28.62	42.38	24.35
D	开平长焰煤	47.73	3 050.78	0.003 3	17.42	28.60	14.07
E	云南褐煤	43.98	2 538.72	0.002 6	36.85	55.72	29.85
	煤粉	—	—	—	40.65	—	—

（1）破碎过程输入能量的变化

细颗粒加入后破碎环境的改变如图 4-14 所示。与由粗颗粒组成的料床相比，加入的细颗粒将占据颗粒与颗粒、颗粒与研磨介质间的空隙，改变料层与研磨介质接触面的粗糙程度。对挤压粉碎而言，接触面的粗糙程度将影响物料和研磨介质间的滑动摩擦因数，进而改变颗粒破碎的输入能量。

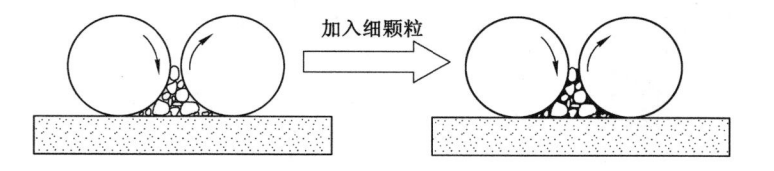

图 4-14   细颗粒加入后破碎环境改变的示意图

图 4-15 为细颗粒加入后破碎能量的变化图。该图表明：细颗粒的加入均导致 5 种煤样破碎能量的降低，且降低程度随着细颗粒加入量的增加而增加。在细颗粒加入质量为 5 g 时，煤样 C 的破碎能量降低最多；而在其他三个添加质量下，煤样 B 的破碎能量下降最多。

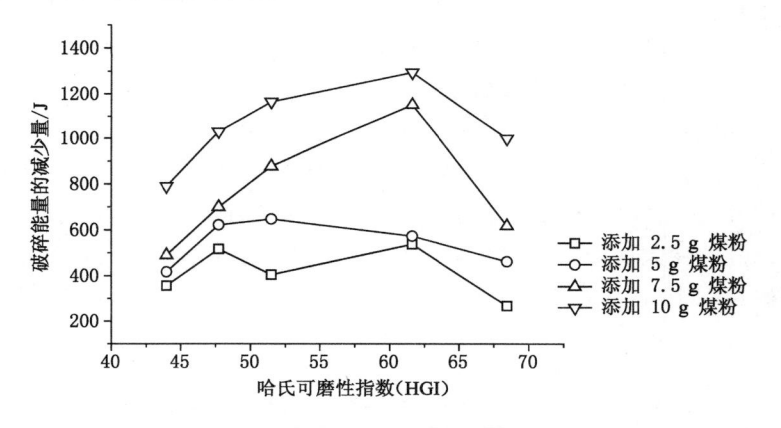

图 4-15   细颗粒加入后破碎能量的改变

由式（3.1）可知，哈氏可磨仪的破碎试验中，加载力、旋转直径和钢球个数均为定值，破碎能量将主要受颗粒与研磨介质间摩擦因数的影响。然而，本试验所使用的粗细颗粒物料均不符合滑动摩擦因数测定的样品要求，因此笔者设计了一个简单的试验装置以定性地表征粗颗粒床层中细颗粒加入对摩擦因数的影响。简易试验装置如图 4-16 所示。该装置由三块厚 5 mm、宽 100 mm 的钢板组成。钢板 A、B 和 C 的长度分别为 600 mm、800 mm 和 1 000 mm。钢板 A 和 B 呈 90 度角焊接，钢板 C 则可绕点 D 转动，钢板 A 和 C 的夹角为 α。定性试验中,选择煤样 A 来测量加入不同质量细颗粒对摩擦因数的影响。试验之初,煤样 A 和细颗粒的混合物放到水平放置的钢板 C 上,随后将长宽均为 50 mm、高为 20 mm 的长方体钢块轻放到煤层上。缓慢提升钢板 C 的另一端,在钢块开始滑动时记录 EF 的长度,每个样品重复三次后计算平均值。

对钢块进行受力分析,在沿着钢板 C 的方向上:

$$G \cdot \sin \alpha = F_f = G \cdot \mu \cdot \cos \alpha \tag{4.2}$$

$$\mu = \tan \alpha \tag{4.3}$$

则:

$$\mu \propto \alpha \propto EF \text{ 的长度} \tag{4.4}$$

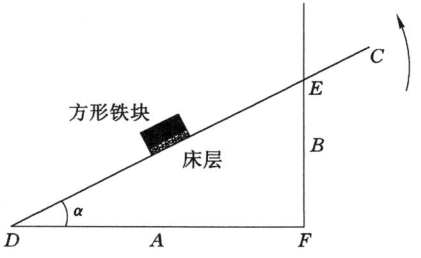

图 4-16　定性测量滑动摩擦因数随细颗粒加入量改变的简易装置

定性试验测量结果如表 4-4 所示,钢板 C 的抬升高度 EF 随着床层中细颗粒加入量的增加而减小,进而表明滑动摩擦因数与细颗粒加入量呈负相关关系。由于破碎过程中输入能量仅与摩擦因数有关,因此,细颗粒加入导致输入能量的减少,延缓粗颗粒的破碎。与料层中加入细颗粒相反,粗颗粒破碎过程中新生颗粒地及时移除是否能促使输入能量的增加呢? 在此,笔者针对煤样 A 又设计了一组补充试验。

表 4-4　钢板抬升高度 EF 随细颗粒加入量的变化

细颗粒加入量/g	0	2.5	5	7.5	10
EF 长度/mm	451	417	396	384	370

煤样 A 在哈氏可磨仪内研磨 1 min 后,将生成的 -0.074 mm 颗粒筛除并添加同等质量煤样 A,重复两次上述步骤直至最终的研磨时间为 3 min。与此前煤样 A 的单独破碎相比,新生细颗粒的去除分别使第二和第三阶段的输入能量提高了 129.6 W 和 140.4 W。粗颗粒破碎时细颗粒的添加和去除对比试验中输入能量的变化表明应严格控制磨盘待磨物料的粒度组成。对研磨和分级连

续性工艺或设备,提高分级环节的工作效率,将减少细颗粒返回量,优化煤炭研磨环境,提高颗粒破碎速率。

（2）粗颗粒破碎行为及细颗粒生成速率的变化

图 4-17 为部分混合破碎中粗颗粒残余量随时间的变化,因其在半对数直角坐标系中呈直线,故符合一级动力学模型。在此,根据式(3.3)计算各混合破碎条件下粗颗粒的破碎速率,结果如表 4-5 所示。

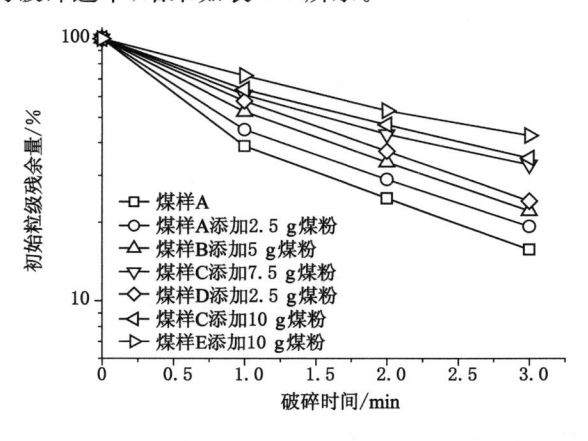

图 4-17　部分混合破碎中粗颗粒残余量随时间变化

表 4-5　不同细颗粒煤粉加入量情况下各煤样的破碎速率　　　单位:s^{-1}

煤粉加入量/g	煤样 A	煤样 B	煤样 C	煤样 D	煤样 E
0	0.004 5	0.003 5	0.003 3	0.003 3	0.002 6
2.5	0.004 0	0.003 5	0.003 3	0.003 4	0.002 5
5	0.004 0	0.003 6	0.003 0	0.003 3	0.002 4
7.5	0.003 7	0.003 1	0.002 7	0.002 8	0.002 2
10	0.003 6	0.003 0	0.002 5	0.002 4	0.002 1

数据表明:当煤粉添加量为 2.5 g 和 5 g 时,煤样 B 和 D 的破碎速率呈一定的波动;而煤样 A、C 和 E 均呈下降趋势,但降幅很小。因前两组试验中,细颗粒加入量相对较少,仅占粗颗粒质量的 5% 和 10%,粗颗粒破碎对少量煤粉的响应较弱。但当煤粉添加量增至 7.5 g 和 10 g 时,五个煤样的破碎速率降幅均较大。除细颗粒加入所引起的缓冲效应外,与粗颗粒单独破碎相比,粗细混合破碎中粗颗粒所分配的能量降低也是造成破碎速率减小的主要原因。

床层中细颗粒的引入除降低粗颗粒破碎速率外,还将对细颗粒的生成产生影响,如图 4-18 所示。与输入能量和破碎速率的变化规律相似,－0.074 mm 细颗粒生成量随细颗粒加入量的增加而增加。虽然本试验的初始物料为窄粒级煤样,但随着破碎时间延长,试验物料已由最原始的窄粒级煤样演变为粒度分布较宽的颗粒群。物料破碎是一个粒度逐级减小的过程,初始粒级物料逐渐碎散成各个细粒级而不能直接跳跃破碎成 -0.074 mm 煤粉。输入能量的降低也将减少各细粒级所分配的破碎能量,最终导致煤粉生成量减少;而这种效应随床层中细颗粒加入量的增加越发明显。

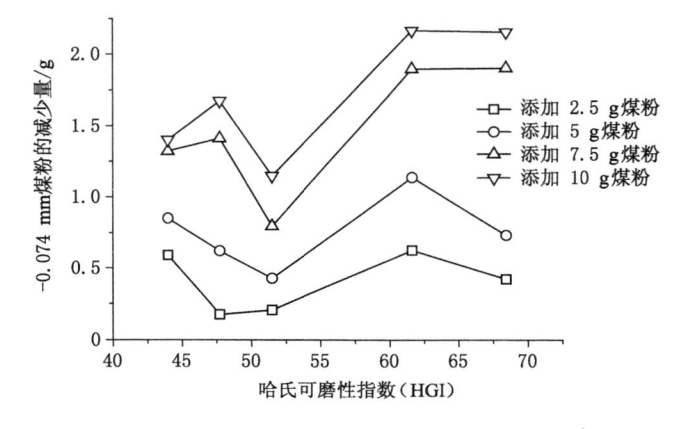

图 4-18　细颗粒加入后 -0.074 mm 煤粉生成量的变化

4.5　多相混合破碎过程中的能量分配问题

4.5.1　同粒级多相混合破碎的能量分配问题

多相混合破碎中,各相间的相互影响将引起物料破碎行为的变化,但其本质是各相所分配破碎能量的差异。与单一破碎相比,物料在混合破碎中所获得的单位能量将会加速或减缓破碎进程。如本书第 2 章所述,Fuerstenau 及其团队研究了球磨机内两相混合破碎,并建立了基于初始粒级破碎速率和细颗粒产生速度的能量分配模型。但在破碎机理方面两者存在较大的差异:球磨机多以冲击和磨剥作用实现颗粒破碎,而辊磨机则是通过挤压力破碎物料。此外,颗粒抵抗不同种类作用力的强度也不同,这些因素的综合作用将会引起颗粒在不同设备中破碎行为的差异。因而,使用已有的能量分配模型直接表征辊磨机内多相混合破碎的能量分配问题值得商榷。

表征物料粒度与破碎能量间关系的模型是实现混合破碎中各相能量分配因子计算的基础和关键。在 Fuersstenau 的能量分配模型的推演过程中,物料破碎速率与能量输入的关系如下：

$$k_{(1)} = k_{(1)}^E P_{(1)} \tag{4.5}$$

式中，$k_{(1)}$ 指组分 1 的破碎速率，s^{-1}；$k_{(1)}^E$ 指组分 1 的能量归一化破碎速率，$\%/s$；$P_{(1)}$ 指组分 1 的单位破碎功率，J/g。

该模型成立的基础是不同体积比例混合破碎的产物具有相同的破碎路径或粒度累积产率曲线。该模型在矿物的单独或混合破碎中均成立。在该假设中，笔者并未提及达到相同破碎路径所需的时间，但处在不同破碎环境的物料达到某一目标细度所需时间会不同。因此，针对不同体积比例的混合物，相同的破碎时间未必能够获得相同的粒度分布。然而，Fuerstenau 等认为虽然物料性质和破碎时间的差异会导致产物粒度分布不一致，但还是能够找到不同混合比例物料具有相似累积曲线的时刻。但是他忽略了在该时刻前后的不同时间内，物料粒度组成间的差异将逐步增大。因而破碎产物具有相似的粒度分布并不会在整个破碎过程中成立。此外，在颗粒破碎速率随时间变化的破碎过程中，Fuerstenau 计算能量分配因子使用了类似一级动力学的数学模型，即

$$S_1(t) = \frac{W_{1m}(t)}{W_{1a}(t)} = \ln\left[\frac{M_{1(1m)}(0)}{M_{1(1m)}(t)}\right] \Big/ \ln\left[\frac{M_{1(1a)}(0)}{M_{1(1a)}(t)}\right] \tag{4.6}$$

式中，$S_1(t)$ 指混合破碎中，组分 1 在时间 t 时的能量分配因子；$W_{1m}(t)$ 和 $W_{1a}(t)$ 分别指在混合和单独破碎条件下，组分 1 在时间 t 初始粒级尚未破碎的百分含量的对数值；$M_{1(1m)}(0)$，$M_{1(1m)}(t)$，$M_{1(1a)}(0)$ 和 $M_{1(1a)}(t)$ 分别指在混合和单独破碎条件下，组分 1 在时间 0 和 t 未破碎的初始粒级百分含量，$\%$。

对破碎速率随时间变化的情况，上述模型所使用的计算方法意味着直接将初始粒级残余量曲线的各点与初始点相连，如图 4-19 虚线所示。据式（4.6）推断，对混合物中的某组分而言，时间点 t_1 和 t_2 的能量分配因子计算过程意味着颗粒在时间段 t_1—t_2 间的破碎行为与时间 t_1 之前的相同。然而在图 4-19 中，用于计算 $W_{1m}(t)$ 数值的各直线并未相互重合，即不同时间内混合物中该组分的破碎轨迹不同，而这与式（4.6）成立所基于的假设相悖。个人认为，在参照上述方法计算破碎速率随时间变化的能量分配因子时，应分别用 t_1 和 t_2 代替 0 和 t 以计算不同时间点的能量分配因子。另外，在球磨机多相混合破碎试验中，Fuerstenau 认为磨机的功率保持不变，即物料粒度的变化并未对破碎能量产生影响。基于此观点，初始粒级残余量与破碎能量间的关系曲线可用来代替反映一级破碎动力学的半对数直角坐标系内的残余量同时间的关系曲线。此外，在对粗细颗粒混合破碎能量分配问题的讨论里，笔者直接利用基于初始粒级破碎速率的能量分配模型进行计算。然而，破碎环境中的细颗粒势必会对粗颗粒产生影响。Austin 的研究认为细颗粒的累积使粗颗粒处于一种类似"浮起"的状

态,削弱和缓冲了破碎能量的传递,导致粗颗粒破碎速率降低。

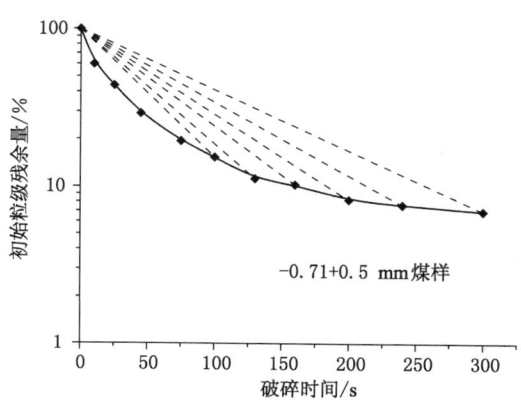

图 4-19　非一级动力学的初始粒级破碎过程

　　前述分析表明:对于参数固定的哈氏可磨仪,颗粒破碎的输入能量主要受待磨物料与磨辊及磨盘之间滑动摩擦因数的影响,而此参数又与颗粒尺寸相关。因此在辊磨设备的料层挤压破碎过程中,瞬时破碎能量是随着研磨时间的延长、料层中物料粒度的变细而变小的,如图 4-20 所示。与单独破碎相比,混合破碎中各组分的破碎速率将分别呈现减缓或增加的趋势,而由于混合破碎中输入能量随时间的延长而降低,各组分所分配的能量也应随时间增长和细颗粒的累积而变化。

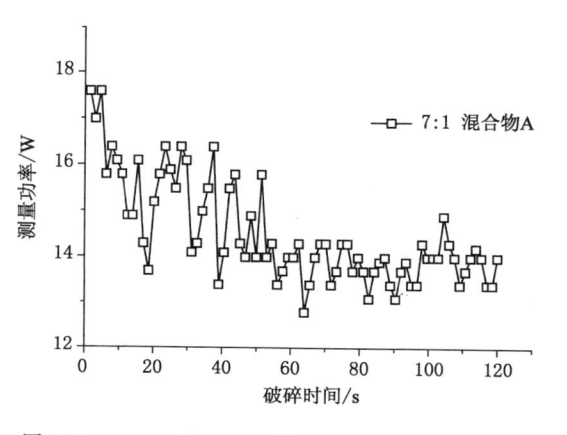

图 4-20　7∶1 混合物 A 测量功率随破碎时间的变化

　　由于中速磨煤机内的多相混合破碎过程不符合 Fuerstenau 建立的能量分配模型所基于的假设,因此本书尝试直接将混合破碎过程中各组分间的影响体现在破碎能量中。通过描述产品细度 t_{10} 和破碎能量间关系的数学模型及能量平衡方程,计算混合破碎中,各组分在不同时间的能量分配因子。推导计算过程如下:

混合破碎中,各组分所消耗能量之和为总的输入能量,即

$$E = E_1 + E_2 \tag{4.7}$$

式中,E,E_1 和 E_2 分别指混合物、组分 1 和 2 所消耗的能量,$kW \cdot h$。

能量平衡方程两边同时除以混合物质量:

$$E_{cs} = E/m = E_1/m + E_2/m \tag{4.8}$$

$$E_1/m = (E_1/m_1)/(m/m_1) = w_1 \cdot E_{cs1m} \tag{4.9}$$

能量平衡变形为

$$E_{cs} = w_1 \cdot E_{cs1m} + w_2 \cdot E_{cs2m} \tag{4.10}$$

式中,E_{cs},E_{cs1m} 和 E_{cs2m} 分别指混合物、组分 1 和 2 的单位破碎能量,$kW \cdot h/t$;w_1 和 w_2 分别指混合物中组分 1 和 2 的质量分数,%。

如 4.3.2 节所述,JK 经典破碎模型及其修正模型能够描述颗粒的单独及混合破碎。因此,在已知混合破碎中各相产品细度 t_{10} 的前提下,可分别计算在混合及单独破碎中获得该细度所需的能量,即

混合破碎 $\qquad E_{cs1m} = -\ln[(A - t_{10})/A] \cdot H_1/b \tag{4.11}$

单独破碎 $\qquad E_{cs1a} = -\ln[(A - t_{10})/A] \cdot /b \tag{4.12}$

则混合破碎中各组分的能量分配因子:

$$S_1 = E_{cs1m}/E_{cs1a} \tag{4.13}$$

式中,A 和 b 为相应煤粉细度 t_{10} 所对应的模型参数;S_1 为组分 1 的能量分配因子;E_{cs1a} 为组分 1 在单独破碎中获得与混合破碎中该组分相同产品细度时所需的单位破碎能量,$kW \cdot h/t$。

依据此方法,对多组分混合破碎的能量分配问题进行计算。超纯煤、方解石和黄铁矿在单独破碎中产品细度与单位能量如表 4-6 所示。

表 4-6　超纯煤、方解石和黄铁矿在单独破碎中产品细度与单位能量

破碎时间/min	超纯煤		方解石		黄铁矿	
	t_{10} /%	单位能量 /(kW · h/t)	t_{10} /%	单位能量 /(kW · h/t)	t_{10} /%	单位能量 /(kW · h/t)
0.5	6.03	1.59	9.54	0.80	0.53	0.36
1	14.19	2.95	16.14	1.53	1.59	0.71
1.5	21.67	4.00	24.22	2.24	2.83	1.06
2	27.49	4.89	30.10	2.91	3.46	1.40

在获得混合破碎产物中各组分的粒度组成后,采用4.3.2所述的方法计算不同时间内各组分的细度,混合物A和B的结果如表4-7至表4-10所示。与单独破碎相比,混合物A中超纯煤的细度变小,并随着其在混合物中体积含量的降低而进一步缩小;黄铁矿细度则呈增加的趋势,但随其在混合物中含量的增加而降低。混合破碎中各组分产品细度的变化是各相相互作用的结果,而各组分能量分配因子的不同是导致上述变化的直接原因。对混合物B而言,超纯煤和方解石的产品细度与单独破碎相比均略微降低,混合破碎中相对较少的输入能量(对比表4-6和表4-9)以及各相能量分配的综合作用引起产品细度的下降。由于超纯煤与方解石的莫氏硬度接近,两者破碎产物细度并未随混合比例的变化而波动。

表 4-7　混合物 A 中超纯煤和黄铁矿生成不同细度产物时所需的能量

体积比（超纯煤：黄铁矿）	超纯煤		黄铁矿	
	$t_{10}/\%$	计算混合破碎能量 /(kW·h/t)	$t_{10}/\%$	计算混合破碎能量 /(kW·h/t)
7：1	4.98	0.92	2.82	0.91
	10.53	1.95	4.69	1.52
	15.51	2.87	5.36	1.73
	18.39	3.83	5.94	2.2
3：1	4.59	0.85	1.99	0.64
	10.49	1.94	3.1	1
	13.25	2.45	4.96	1.61
	17.75	3.29	5.58	1.81
2：1	2.09	0.39	1.89	0.74
	6.73	1.25	2.41	0.89
	9	1.67	4.6	1.81
	14.36	2.66	4.92	1.93
1：1	0.89	0.21	0.94	0.43
	5.95	1.1	2.48	0.8
	7.23	1.34	3.8	1.58
	10.33	1.91	4.37	1.82

注:表中超纯煤和黄铁矿的 t_{10} 数据分别为混合物 A 破碎产物中超纯煤和黄铁矿的细度,该数据是通过对混合物 A 细度 t_{10} 所对应粒级的物料进行浮沉试验后获得的。

表 4-8　超纯煤和黄铁矿在单独破碎时生成不同细度产物时所需的能量

超纯煤		黄铁矿	
$t_{10}/\%$	计算混合破碎能量 /(kW·h/t)	$t_{10}/\%$	计算混合破碎能量 /(kW·h/t)
4.98	1.21	2.82	1.05
10.53	2.33	4.69	2.88
15.51	3.2	5.36	4.32
18.39	4.09	5.94	6.48
4.59	1.13	1.99	0.8
10.49	2.32	3.1	1.18
13.25	2.82	4.96	3.41
17.75	3.56	5.58	4.93
2.09	0.57	1.89	0.78
6.73	1.58	2.41	0.91
9	2.03	4.6	2.73
14.36	3.01	4.92	3.33
0.89	0.3	0.94	0.53
5.95	1.42	2.48	0.93
7.23	1.68	3.8	1.69
10.33	2.29	4.37	2.37

注:表中超纯煤和黄铁矿的 t_{10} 数据分别为混合物 A 破碎产物中超纯煤和黄铁矿的细度,该数据是通过对混合物 A 细度 t_{10} 所对应粒级的物料进行浮沉试验后获得的。

表 4-9　混合物 B 中超纯煤和方解石生成不同细度产物时所需的能量

体积比 (超纯煤∶方解石)	超纯煤		方解石	
	$t_{10}/\%$	计算混合破碎能量 /(kW·h/t)	$t_{10}/\%$	计算混合破碎能量 /(kW·h/t)
7∶1	6.91	1.05	5.58	0.84
	13.93	2.14	9.39	1.43
	18.13	2.82	13.56	2.09
	23.78	3.74	19.21	2.99
3∶1	6.03	0.91	6.11	0.92
	12.22	1.87	10.69	1.64
	19.19	2.99	15.44	2.39
	24.05	3.79	19.01	2.96

表 4-9(续)

体积比 （超纯煤：方解石）	超纯煤		方解石	
	$t_{10}/\%$	计算混合破碎能量 /(kW・h/t)	$t_{10}/\%$	计算混合破碎能量 /(kW・h/t)
2：1	6.01	0.91	5.45	0.82
	12.08	1.85	10.87	1.66
	17.79	2.76	14.38	2.22
	24.15	3.81	18.15	2.82
1：1	5.81	0.88	4.75	0.72
	11.82	1.81	10.88	1.66
	16.72	2.59	16.76	2.6
	23.73	3.74	21.28	3.33

注：表中超纯煤和方解石的 t_{10} 数据分别为混合物 B 破碎产物中超纯煤和方解石的细度，该数据是通过对混合物 B 细度 t_{10} 所对应粒级的物料进行浮沉试验后获得的。

表 4-10　超纯煤和方解石在单独破碎时生成不同细度产物时所需的能量

超纯煤		方解石	
$t_{10}/\%$	计算混合破碎能量 /(kW・h/t)	$t_{10}/\%$	计算混合破碎能量 /(kW・h/t)
6.91	1.62	5.58	0.49
13.93	2.94	9.39	0.83
18.13	3.61	13.56	1.22
23.78	4.39	19.21	1.77
6.03	1.43	6.11	0.53
12.22	2.64	10.69	0.95
19.19	3.77	15.44	1.4
24.05	4.42	19.01	1.75
6.01	1.43	5.45	0.48
12.08	2.61	10.87	0.97
17.79	3.56	14.38	1.3
24.15	4.44	18.15	1.66
5.81	1.39	4.75	0.41
11.82	2.81	10.88	0.97
16.72	3.65	16.76	1.53
23.73	4.35	21.28	1.98

注：表中超纯煤和方解石的 t_{10} 数据分别为混合物 B 破碎产物中超纯煤和方解石的细度，该数据是通过对混合物 B 细度 t_{10} 所对应粒级的物料进行浮沉试验后获得的。

利用单独和混合破碎模型中的参数 A 和 b,分别计算各相在单独和混合破碎获得相同细度所需的能量,计算结果如表 4-7 至表 4-10 所示。分析可知:超纯煤和黄铁矿在混合破碎中获得目标细度所消耗的能量均低于单独破碎;而超纯煤在混合物 B 中破碎所需的能量要低于单独破碎,方解石则呈相反的规律。硬度不同的各相在混合物 A 和 B 破碎中所消耗能量与单独破碎相比未呈现一致性的变化规律,原因是理论模型与实际试验存在差异。虽然优化后的破碎模型引入了混合物的质量加权平均硬度,但利用该模型计算能量分配因子的对象是两相混合物。加入物料硬度的模型可更有效地表征包含超纯煤、方解石和黄铁矿三种矿物的混合破碎,而实际破碎仅是两两混合而不存在第三种物料的影响。所以,上述差异导致混合物 A 两组分的破碎能量均小于单独破碎。为验证将"混合破碎中各相的影响体现在破碎能量中"这一思路的准确性,并最终获得混合破碎各组分能量分配因子,按照式(4.10)进行能量平衡计算。两组混合物的计算结果见表 4-11。结果表明:模型计算值与试验测量值差异较小,绝对偏差小于 15%,说明将混合破碎中各组分彼此间的影响体现在破碎能量中的准确性。基于此,利用式(4.13)计算不同时间时各组分的能量分配因子,结果见表 4-12 和表 4-13。混合物 A 中超纯煤和黄铁矿的能量分配因子均小于 1,并随着混合物中各组分体积含量和破碎时间的变化而变化。本书将能量分配因子定义为,在获得相同产品细度前提下,混合破碎中组分所需能量与单独破碎消耗能量之比。该参数意味着组分在混合破碎中的能量效率。其中,超纯煤的能量分配因子随其在混合物中体积含量的降低逐渐而降低,而黄铁矿则随其体积含量的增加而增加。由于黄铁矿的莫氏硬度远高于超纯煤,因此可作为研磨介质从而促进超纯煤破碎,提高其能量效率。在混合物 B 中,莫氏硬度相对较高的超纯煤,其能量分配因子小于 1,表明其在混合破碎中具有较高的能量效率;而硬度较小的方解石的能量分配因子则大于 1,说明与单独破碎相比,混合破碎中的方解石需消耗更多的能量才能获得相同细度的产物。此外,数据还显示,两组混合物中各组分的能量分配因子在整个破碎阶段并非不变。超纯煤的能量分配因子均随时间的延长而增加,即能量效率降低。产生此现象的原因是:① 混合物 A 的加权硬度较高,破碎产品较粗,细颗粒的超纯煤位于粗颗粒黄铁矿或研磨介质的空隙中,致使破碎能量无法直接作用;② 虽然混合物 B 的破碎产品较细,但粗颗粒的方解石硬度偏小,并不能作为研磨介质。混合物 A 和 B 中,黄铁矿和方解石的能量分配因子则均随时间的延长而增加。

表 4-11 混合物 A 和 B 的测量与计算能量

混合比	破碎时间/min	混合物 A		混合物 B	
		实测能量 /(kW·h/t)	计算能量 /(kW·h/t)	实测能量 /(kW·h/t)	计算能量 /(kW·h/t)
7:1	0.5	1.01	1.01	0.97	1.04
	1	1.97	1.97	1.88	2.03
	1.5	2.90	2.90	2.76	2.69
	2	3.80	3.80	3.60	3.58
3:1	0.5	0.75	0.75	0.92	1.02
	1	1.44	1.44	1.79	1.94
	1.5	2.14	2.14	2.64	2.97
	2	3.30	3.30	3.48	3.83
2:1	0.5	0.62	0.67	0.88	0.79
	1	1.01	1.17	1.77	1.86
	1.5	1.76	1.78	2.61	2.62
	2	2.18	2.54	3.44	3.47
1:1	0.5	0.39	0.42	0.85	0.79
	1	0.86	0.97	1.70	1.73
	1.5	1.53	1.53	2.52	2.57
	2	1.84	2.09	3.32	3.42

表 4-12 混合物 A 中超纯煤和黄铁矿的能量分配因子

破碎时间/min	混合比(超纯煤:黄铁矿)							
	7:1	3:1	2:1	1:1	7:1	3:1	2:1	1:1
	超纯煤				黄铁矿			
0.5	0.76	0.75	0.67	0.70	0.87	0.80	0.95	0.82
1	0.84	0.84	0.79	0.78	0.53	0.85	0.98	0.86
1.5	0.90	0.87	0.82	0.80	0.40	0.47	0.66	0.94
2	0.94	0.93	0.88	0.84	0.34	0.37	0.58	0.77

表 4-13 混合物 B 中超纯煤和方解石的能量分配因子

破碎时间/min	混合比(超纯煤:方解石)							
	7:1	3:1	2:1	1:1	7:1	3:1	2:1	1:1
	超纯煤				方解石			
0.5	0.69	0.77	0.58	0.77	1.59	1.58	1.59	1.59
1	0.77	0.86	0.86	0.85	1.57	1.56	1.56	1.56
1.5	0.81	0.94	0.93	0.91	1.54	1.53	1.54	1.53
2	0.88	1.02	1.01	1.00	1.51	1.51	1.52	1.50

4.5.2　多粒级混合破碎的能量分配因子计算

关于颗粒研磨中能量分配问题的研究,可参考的文献主要是针对同粒级不同硬度矿物或同类矿物粗颗粒与其粉末的混合破碎,尚缺少针对同类物料相邻窄粒级的混合破碎。研究受限的原因之一是不同粒级同种物料破碎后的产物不易区分,无法获取混合物中各粒级物料的破碎行为。本小节在前述分析同粒级多相混合破碎能量分配问题的基础上,采用同样的方法计算各窄粒级物料的能量分配因子。但与式(4.11)不同是,在计算混合破碎中某粒级生成特定细度 t_{10} 所需能量是参照式(3.5)的变形,即

$$E_{cslm} = -\ln[(A - t_{10})/A]/(b \cdot x) \tag{4.14}$$

式中,x 为物料的几何平均粒度,%;其他参数意义同式(4.11)。

上节针对同粒级多相混合破碎的能量分配研究,是在试验获得各相产品细度 t_{10} 的前提下,分别计算在混合及单独破碎中获得该细度所需的能量,进而计算能量分配因子。与前述情况不同,本节多粒级混合破碎试验无法直接获得各窄粒级物料的特征细度 t_{10};此外,物料粒度的不同还导致其 t_{10} 所对应的特征粒度与混合物存在差异。因此,本节在继续延续上节计算原理时,将能量分配因子的定义发展为窄粒级物料在混合和单独破碎中生成相同的混合物特征细度产率时所消耗的能量比。而由于混合物与窄粒级物料 t_{10} 所对应的特征粒度不同,本节做出如下假设:破碎产物在 t_{10} 所对应的特征粒度附近累积产率与其粒度呈线性关系,即窄粒级物料在混合物 t_{10} 所对应的特征粒度累积产率等于其破碎产品 t_{10} 与混合物和该窄粒级物料特征粒度之比的乘积。据此假设,分别计算超纯煤和炼焦中煤混合破碎中各窄粒级物料的特征细度 t_{10},并依据式(4.14)和式(4.10)计算混合破碎中窄粒级物料生成相应细度 t_{10} 时所消耗能量及混合破碎总能量,结果分别如表 4-14、表 4-15 和表 4-16 所示。数据显示,多粒级混合破碎的计算与实测总能量的差异大部分在 10% 以内,能量平衡成立,故可采用上述方法计算各粒级的能量分配因子。利用已计算出的混合破碎中各粒级物料 t_{10},结合表 4-17 所示的单独破碎试验数据,分别利用式(4.14)和式(4.13)计算各窄粒级物料单独破碎获得该细度所消耗的能量及能量分配因子。超纯煤和炼焦中煤的计算结果分别如表 4-18 和表 4-19 所示。结果显示:各窄粒级煤样的能量分配因子均大于 1,表明混合破碎中各粒级破碎的能量效率(产生相同细度时所消耗的能量)均呈下降趋势;各混合比例中相同窄粒级煤样能量分配因子差异较小,能量分配因子随破碎时间的延长而降低;能量分配因子随煤样粒度的降低而变大,即粒度越小,能量效率越低。而这可能是多粒级混合床层中粗颗粒优先接触研磨介质,而细颗粒填充于粗颗粒间隙所导致的。

表 4-14 －2.8＋2 mm 和－2＋1.25mm 超纯煤在各混合破碎条件下的细度和能耗计算结果

破碎时间 /s	3:1①			－2.8＋2 mm		－2＋1.25 mm		计算总能③ /(kW·h/t)	差异④ /%
	实测总能 /(kW·h/t)	实测 t_{10}/%	计算 t_{10}/%	计算混能② /(kW·h/t)	计算 t_{10}/%	计算混能② /(kW·h/t)			
(1)	(2)	(3)	(4)	(5)	(6)	(7)		(8)	(9)
10	0.38	1.76	1.92	0.34	1.28	0.34		0.34	10.53
20	0.74	3.77	4.11	0.74	2.75	0.74		0.74	0
30	1.09	6.02	6.56	1.18	4.39	1.18		1.18	−8.26
60	1.99	11.37	12.39	2.23	8.28	2.23		2.23	−12.06
90	2.76	14.05	15.32	2.76	10.24	2.76		2.76	0

破碎时间 /s	1:1①			－2.8＋2 mm		－2＋1.25 mm		计算总能③ /(kW·h/t)	差异④ /%
	实测总能 /(kW·h/t)	实测 t_{10}/%	计算 t_{10}/%	计算混能② /(kW·h/t)	计算 t_{10}/%	计算混能② /(kW·h/t)			
(1)	(2)	(3)	(4)	(5)	(6)	(7)		(8)	(9)
10	0.34	1.70	2.04	0.37	1.09	0.29		0.33	2.94
20	0.65	3.36	4.03	0.72	2.16	0.58		0.65	0
30	0.95	4.90	5.88	1.06	3.15	0.85		0.95	0
60	1.73	9.70	11.62	2.09	6.22	1.67		1.88	−8.67
90	2.29	12.68	15.20	2.74	8.14	2.19		2.47	−7.86

破碎时间 /s	1:3①			－2.8＋2 mm		－2＋1.25 mm		计算总能③ /(kW·h/t)	差异④ /%
	实测总能 /(kW·h/t)	实测 t_{10}/%	计算 t_{10}/%	计算混能② /(kW·h/t)	计算 t_{10}/%	计算混能② /(kW·h/t)			
(1)	(2)	(3)	(4)	(5)	(6)	(7)		(8)	(9)
10	0.30	1.11	1.48	0.27	0.99	0.27		0.27	10.00
20	0.57	2.34	3.11	0.56	2.08	0.56		0.56	1.75
30	0.84	3.95	5.25	0.94	3.51	0.94		0.94	−11.90
60	1.60	7.85	10.46	1.88	6.21	1.67		1.72	−7.50
90	2.30	11.73	15.61	2.82	9.28	2.50		2.58	−12.17

注：① 比值是－2.8＋2 mm 与－2＋125 mm 粒级的体积比；

② 计算混能指在混合破碎中，各粒级物料在分别产生第(4)列和第(6)列细度时所需要的能量；

③ 计算总能指第(5)列和第(7)列数据的加权平均值；

④ 差异指第(2)列与第(8)列的差值与第(2)列之比。

表 4-15 −2＋1.25 mm 和 −1.25＋0.71 mm 超纯煤在各混合破碎条件下的细度和能耗计算结果

破碎时间/s	3:1①						计算总能③/(kW·h/t)	差异④/%
	实测总能/(kW·h/t)	实测 t_{10}/%	−2.8+2 mm		−2+1.25 mm			
			计算 t_{10}/%	计算混能②/(kW·h/t)	计算 t_{10}/%	计算混能②/(kW·h/t)		
(1)	(2)	(3)	(4)	(5)	(6)	(7)	(8)	(9)
10	0.31	0.94	1.05	0.28	0.62	0.28	0.28	9.68
20	0.59	1.81	2.01	0.54	1.20	0.54	0.54	8.47
30	0.85	2.71	3.02	0.81	1.80	0.81	0.81	4.71
60	1.60	4.84	5.38	1.45	3.21	1.45	1.45	9.38
90	2.29	6.97	7.75	2.09	4.62	2.08	2.09	8.73
120	2.82	9.29	10.33	2.78	6.15	2.78	2.78	1.42
180	3.98	12.79	14.23	3.84	8.48	3.83	3.84	3.52

破碎时间/s	1:1①						计算总能③/(kW·h/t)	差异④/%
	实测总能/(kW·h/t)	实测 t_{10}/%	−2.8+2 mm		−2+1.25 mm			
			计算 t_{10}/%	计算混能②/(kW·h/t)	计算 t_{10}/%	计算混能②/(kW·h/t)		
(1)	(2)	(3)	(4)	(5)	(6)	(7)	(8)	(9)
10	0.29	0.83	1.04	0.28	0.62	0.28	0.28	3.45
20	0.56	1.53	1.92	0.52	1.15	0.52	0.52	7.14
30	0.83	2.28	2.86	0.77	1.70	0.77	0.77	7.23
60	1.57	4.27	5.36	1.44	3.19	1.44	1.44	8.23
90	2.29	5.98	7.49	2.02	4.46	2.01	2.02	11.79
120	2.98	8.30	10.40	2.80	6.20	2.80	2.80	6.04
180	4.05	10.83	13.58	3.66	8.09	3.65	3.66	9.63

破碎时间/s	1:3①						计算总能③/(kW·h/t)	差异④/%
	实测总能/(kW·h/t)	实测 t_{10}/%	−2.8+2 mm		−2+1.25 mm			
			计算 t_{10}/%	计算混能②/(kW·h/t)	计算 t_{10}/%	计算混能②/(kW·h/t)		
(1)	(2)	(3)	(4)	(5)	(6)	(7)	(8)	(9)
10	0.29	0.69	0.99	0.27	0.59	0.27	0.27	6.90
20	0.56	1.37	1.97	0.89	1.17	0.53	0.62	−10.71
30	0.83	1.98	2.84	1.28	1.69	0.76	0.89	−7.23
60	1.58	3.73	5.35	2.41	3.18	1.44	1.68	−6.33
90	2.30	5.47	7.85	3.55	4.68	2.11	2.47	−7.39
120	2.86	6.88	9.88	4.46	5.88	2.66	3.11	−8.74
180	4.04	9.90	14.21	6.44	8.47	3.83	4.48	−10.89

注：① 比值是 −2.8＋2 mm 与 −2＋125 mm 粒级的体积比；

② 计算混能指在混合破碎中，各粒级物料在分别产生第(4)列和第(6)列细度时所需的能量；

③ 计算总能指第(5)列和第(7)列数据的加权平均值；

④ 差异指第(2)列与第(8)列的差值与第(2)列之比。

表 4-16　－2.8＋2 mm、－2＋1.25 mm 和－1.25＋0.71 mm 炼焦中煤
在各混合破碎条件下的细度和能耗计算结果

破碎时间 /s	1:1①		－2.8＋2 mm		－2＋1.25 mm		计算总能③ /(kW·h/t)	差异④ /%
	实测总能 /(kW·h/t)	实测 t_{10}/%	计算 t_{10}/%	计算混能② /(kW·h/t)	计算 t_{10}/%	计算混能② /(kW·h/t)		
(1)	(2)	(3)	(4)	(5)	(6)	(7)	(8)	(9)
10	0.32	0.91	1.09	0.32	0.73	0.32	0.32	0
20	0.64	1.66	1.99	0.58	1.33	0.58	0.58	9.38
30	0.96	2.59	3.10	0.90	2.07	0.90	0.90	6.25
60	1.89	5.55	6.65	1.94	4.44	1.93	1.94	－2.65
90	2.79	7.85	9.41	2.75	6.29	2.74	2.75	1.43
120	3.65	10.44	12.51	3.68	8.36	3.66	3.67	－0.55

破碎时间 /s	1:1①		－2.8＋2 mm		－2＋1.25 mm		计算总能③ /(kW·h/t)	差异④ /%
	实测总能 /(kW·h/t)	实测 t_{10}/%	计算 t_{10}/%	计算混能② /(kW·h/t)	计算 t_{10}/%	计算混能② /(kW·h/t)		
(1)	(2)	(3)	(4)	(5)	(6)	(7)	(8)	(9)
10	0.30	0.52	0.66	0.28	0.39	0.28	0.28	6.67
20	0.61	1.04	1.30	0.57	0.78	0.57	0.57	6.56
30	0.90	1.81	2.26	0.98	1.35	0.98	0.98	－8.89
60	1.77	3.44	4.31	1.87	2.57	1.87	1.87	－5.65
90	2.64	4.93	6.18	2.70	3.68	2.69	2.70	－2.27
120	3.31	5.94	7.45	3.25	4.44	3.24	3.25	1.81

注：① 比值是－2.8＋2 mm 与－2＋125 mm 粒级的体积比；
　　② 计算混能指在混合破碎中，各粒级物料在分别产生第(4)列和第(6)列细度时所需要的能量；
　　③ 计算总能指第(5)列和第(7)列数据的加权平均值；
　　④ 差异指第(2)列与第(8)列的差值与第(2)列之比。

表 4-17　各粒级超纯煤和炼焦中煤单独破碎的能耗及特征细度 t_{10}

超纯煤					
－2.8＋2 mm		－2＋1.25 mm		－1.25＋0.71 mm	
能耗/(kW·h/t)	t_{10}/%	能耗/(kW·h/t)	t_{10}/%	能耗/(kW·h/t)	t_{10}/%
0.41	2.62	0.29	1.03	0.22	0.84
0.78	5.54	0.57	2.54	0.44	1.49
1.11	8.07	0.84	3.93	0.66	2.49
1.99	11.61	1.60	8.37	1.27	4.12
2.76	17.15	2.28	10.88	1.88	5.83
3.34	20.68	2.80	15.55	2.48	7.48
				3.36	9.96
				4.05	13.01

表 4-17（续）

<table>
<tr><td colspan="6" align="center">炼焦中煤</td></tr>
<tr><td colspan="2" align="center">−2.8＋2 mm</td><td colspan="2" align="center">−2＋1.25 mm</td><td colspan="2" align="center">−1.25＋0.71 mm</td></tr>
<tr><td align="center">能耗/(kW·h/t)</td><td align="center">t_{10}/%</td><td align="center">能耗/(kW·h/t)</td><td align="center">t_{10}/%</td><td align="center">能耗/(kW·h/t)</td><td align="center">t_{10}/%</td></tr>
<tr><td>0.34</td><td>1.25</td><td>0.32</td><td>1.05</td><td>0.29</td><td>0.72</td></tr>
<tr><td>0.64</td><td>2.85</td><td>0.65</td><td>2.23</td><td>0.58</td><td>1.48</td></tr>
<tr><td>0.97</td><td>4.39</td><td>0.96</td><td>3.73</td><td>0.88</td><td>2.07</td></tr>
<tr><td>1.94</td><td>8.88</td><td>1.87</td><td>7.06</td><td>1.73</td><td>3.96</td></tr>
<tr><td>2.86</td><td>12.26</td><td>2.74</td><td>10.07</td><td>2.57</td><td>5.71</td></tr>
<tr><td>3.74</td><td>14.55</td><td>3.60</td><td>12.24</td><td>3.38</td><td>7.40</td></tr>
</table>

表 4-18　各粒级超纯煤在混合破碎中的能量分配因子

<table>
<tr><td rowspan="2" align="center">破碎时间/s</td><td colspan="2" align="center">3∶1</td><td colspan="2" align="center">1∶1</td><td colspan="2" align="center">1∶3</td></tr>
<tr><td align="center">−2.8＋2 mm</td><td align="center">−2＋1.25 mm</td><td align="center">−2.8＋2 mm</td><td align="center">−2＋1.25 mm</td><td align="center">−2.8＋2 mm</td><td align="center">−2＋1.25 mm</td></tr>
<tr><td>10</td><td>1.33</td><td>1.50</td><td>1.33</td><td>1.51</td><td>1.34</td><td>1.51</td></tr>
<tr><td>20</td><td>1.28</td><td>1.46</td><td>1.29</td><td>1.48</td><td>1.31</td><td>1.48</td></tr>
<tr><td>30</td><td>1.23</td><td>1.41</td><td>1.24</td><td>1.45</td><td>1.26</td><td>1.44</td></tr>
<tr><td>60</td><td>1.08</td><td>1.30</td><td>1.10</td><td>1.36</td><td>1.15</td><td>1.35</td></tr>
<tr><td>90</td><td>1.00</td><td>1.23</td><td>1.01</td><td>1.30</td><td>1.05</td><td>1.27</td></tr>
<tr><td>120</td><td></td><td></td><td></td><td></td><td></td><td></td></tr>
<tr><td>180</td><td></td><td></td><td></td><td></td><td></td><td></td></tr>
<tr><td rowspan="2" align="center">破碎时间/s</td><td colspan="2" align="center">3∶1</td><td colspan="2" align="center">1∶1</td><td colspan="2" align="center">1∶3</td></tr>
<tr><td align="center">−2＋1.25 mm</td><td align="center">−1.25＋0.71 mm</td><td align="center">−2＋1.25 mm</td><td align="center">−1.25＋0.71 mm</td><td align="center">−2＋1.25 mm</td><td align="center">−1.25＋0.71 mm</td></tr>
<tr><td>10</td><td>1.51</td><td>1.55</td><td>1.51</td><td>1.55</td><td>1.51</td><td>1.55</td></tr>
<tr><td>20</td><td>1.48</td><td>1.53</td><td>1.48</td><td>1.53</td><td>1.48</td><td>1.53</td></tr>
<tr><td>30</td><td>1.45</td><td>1.52</td><td>1.46</td><td>1.52</td><td>1.46</td><td>1.52</td></tr>
<tr><td>60</td><td>1.38</td><td>1.49</td><td>1.38</td><td>1.49</td><td>1.38</td><td>1.49</td></tr>
<tr><td>90</td><td>1.31</td><td>1.46</td><td>1.32</td><td>1.46</td><td>1.31</td><td>1.45</td></tr>
<tr><td>120</td><td>1.23</td><td>1.42</td><td>1.23</td><td>1.42</td><td>1.24</td><td>1.43</td></tr>
<tr><td>180</td><td>1.10</td><td>1.36</td><td>1.12</td><td>1.37</td><td>1.10</td><td>1.36</td></tr>
</table>

表 4-19　各粒级炼焦中煤在混合破碎中的能量分配因子

破碎时间/s	1 : 1		1 : 1	
	−2.8+2 mm	−2+1.25 mm	−2+1.25 mm	−1.25+0.71 mm
10	1.44	1.74	1.74	1.76
20	1.42	1.73	1.73	1.75
30	1.40	1.72	1.71	1.74
60	1.34	1.67	1.67	1.71
90	1.28	1.64	1.64	1.69
120	1.22	1.60	1.62	1.67

4.6　本章小结

　　煤炭组成的复杂性以及中速磨煤机循环破碎的特点导致物料始终处在多相混合破碎环境内。本章分别设计三类多相混合破碎试验,分析混合破碎的能耗特性及颗粒破碎行为。同粒级混合破碎中,混合物 A(超纯煤与黄铁矿)破碎产物细度随混合物质量加权硬度的提高而降低,超纯煤产品细度呈相同的变化规律;混合物 B(超纯煤与方解石)因各组分的莫氏硬度相似,不同体积比例破碎产物细度相似。混合破碎中各相破碎速率仍符合一级动力学模型,其中硬矿物破碎速率随其体积含量的减小而增加,混合物 A 中软矿物超纯煤的破碎速率随其体积含量的增加而增加,而混合物 B 中软矿物方解石则呈相反趋势。在分析混合破碎产品粒度组成基础上,建立涵盖混合物质量加权莫氏硬度的破碎模型。

　　虽然不同粒径颗粒以及伴生矿物质会影响物料的破碎行为,但建立在多组窄粒级物料破碎试验基础上,包含颗粒粒度的经典破碎模型仍可准确描述多粒级混合破碎。而不同质量配比的粗细颗粒混合破碎试验则表明:加入粗颗粒床层中的细颗粒占据粗颗粒与研磨介质以及粗颗粒之间的空隙,降低了料层与研磨介质接触面的粗糙度。定性测量摩擦因数的简易装置证明细颗粒的加入会导致床层摩擦因数减小,从而引起输入能量降低、粗颗粒破碎速率减缓以及 −0.074 mm 煤粉生成量减少。

　　此外,本节剖析了球磨机中混合破碎能量分配模型的缺陷,并对比了球磨机和中速磨煤机研磨机理和能耗特性。借助描述多相混合破碎中输入能量与产品细度的关系模型,将混合破碎中各相的影响体现在破碎能量中,分别计算同粒级多组分混合破碎中各相的能量分配因子。结果显示:超纯煤的能量分配因子随破碎时间的延长而增加;黄铁矿和方解石则呈降低的趋势;混合物 A 中各相的能量分配因子均小于 1,即与单独破碎相比,各相的能量效率增加,混合物 B 中超纯煤的能量分配因子小于 1 而方解石则大于 1。

而在超纯煤和炼焦中煤各自的多粒级混合破碎中,各窄粒级煤样的能量分配因子均大于 1,表明混合破碎中各粒级破碎的能量效率(产生相同细度时所消耗的能量)均下降;各窄粒级煤样能量分配因子随混合比例的变化波动较小,且能量分配因子随破碎时间的延长而降低,即能量效率提高;能量分配因子随煤样粒度的降低而变大,即粒度越小,能量效率越低。

5 破碎特性及研磨能耗对颗粒性质的响应

5.1 概述

原煤中伴生矿物质如黄铁矿、石英等将增加研磨能耗和设备磨损、延缓颗粒破碎以及微细颗粒生成速率。前期工业型中速磨煤机采样结果表明:磨机内循环物料灰分高达70%,硫分为9%。造成循环物料中矿物质聚集的根源是:高密度难磨矿物质在能够被煤粉分离器分级成为合格煤粉之前需反复分级和研磨;伴随着低灰细粒级颗粒成为合格煤粉,遗留在磨机内的循环物料即呈现出高灰高硫且循环倍率偏高的特点。燃煤电厂选用灰分相对较低的原煤或者采用适当的干法分选工艺除去循环物料中累积的矿物质,在降低设备磨损、减少污染性气体排放的同时,还将改善物料破碎行为,产生可观的节能效应。据此,本章将分别选用不同灰分多组窄粒级煤样进行固定参数的多时间批次破碎试验,考察原煤灰分对其破碎及能量输入特性的影响;参照工业型中速磨煤机循环倍率及返料性质,采用实验室模拟方法研究循环返料对物料粉碎过程、磨机效率和能耗的影响;参照工业型中速磨煤机采样试验中获得的循环物料粒度组成,制备与其有相似粒度分布,但灰分和硫分不同的煤粉,借助煤粉与粗颗粒不同质量比的破碎试验,模拟分析燃煤电厂制粉工艺中加入干法分选回路后循环物料灰分及循环倍率的降低对粗颗粒破碎行为和能量效率的影响。在评估两类模拟研究的节能效应基础上,为燃煤电厂原煤燃前脱灰和循环负荷控制提供数据支撑。

5.2 试验安排

不同灰分窄粒级物料破碎试验在加装功率测量仪的哈氏可磨仪上完成。所用煤样为动力煤,在筛取$-2.8+2$ mm、$-2+1.4$ mm、$-1.4+1$ mm 和$-1+0.71$ mm 粒级样品后进行浮沉试验,获取 4 个灰分等级的窄粒级物料,如表 5-1 所示。样品准备完毕后,利用哈氏可磨仪进行 10 s、20 s、30 s、40 s、60 s、80 s、120 s、160 s 和 200 s 共计 9 个时间批次的破碎试验,并记录研磨能耗。破碎试验完成后,利用 $\sqrt{2}$ 筛序的套筛分析产品粒度组成,并据此计算煤粉细度 t_{10}。

表 5-1　各窄粒级煤样的灰分

粒度/mm	灰分/%			
−2.8+2	5.40	15.78	24.02	61.42
−2+1.4	5.45	18.04	31.68	57.98
−1.4+1	6.10	15.66	24.39	65.84
−1+0.71	5.94	16.87	25.23	68.41

以粗粒原煤表征中速磨煤机入料煤样,以原煤通过小浮沉试验获得的不同密度级煤粉表征磨机内不同累积程度的返料,模拟返料累积对物料粉碎过程的影响。试验煤样为电厂发电用炼焦中煤,粒度为−1.4+1 mm,灰分为 25.07%。返料的粒度参照工业型中速磨煤机采样返料的粒度组成,即−0.5+0.25 mm、−0.25+0.09 mm 和−0.09 mm,三个粒级的物料量比为 3:5:2。试验选用的循环倍率为 8,即粗粒原煤质量为返料质量的 1/8。返料通过小浮沉试验分为 4 个密度级,即−1.5 g/cm³、1.5~1.6 g/cm³、1.6~1.8 g/cm³、+1.8 g/cm³,各密度级灰分分别为 14.24%、25.04%、37.41%、52.62%。以不同灰分的煤粉反映矿物质在返料中的聚集情况,每组破碎物料的质量为 50 g。将各组物料充分混合置于哈氏可磨仪中,分别进行 1 min、2 min、3 min、4 min、5 min 共计 5 个时间点的破碎,破碎产物经泰勒标准筛筛分。在分析混合破碎中粗粒原煤所消耗的能量时,做如下假设:忽略粗颗粒加入对煤粉破碎的影响,直接将煤粉单独破碎时的能耗和粒度分布从混合破碎中去除,以间接获得粗颗粒的破碎能耗及产品的粒度组成。

由于哈氏可磨仪研磨碗相对较小,每次试验物料量仅为 50 g。为确保粗颗粒与煤粉混合破碎后粗颗粒破碎产品粒度分析的准确性,采用单次处理量相对较高的自制辊磨机。煤粉配置参照工业型中速磨煤机采样试验中循环物料的粒度组成,即煤粉中−0.5+0.2 mm、−0.2+0.09 mm 和−0.09 mm 物料质量分数分别为 20%、50% 和 30%。三类煤粉灰分分别为 30%、45% 和 60%,硫分分别为 1%、5.23% 和 9.09%,其与−5.6+4 mm 原煤混合比例分别为 6:1、8:1 和 11:1,单次破碎物料质量 120 g。混合物破碎时间为 20 s、30 s、40 s、60 s、90 s 和 120 s 共 6 个时间批次,同时记录混合破碎能耗。由于粗粒原煤破碎至细粉后无法与原煤粉区分,故在混合破碎试验前率先进行三类煤粉的单独破碎试验,破碎时间设计同混合破碎,单次试验煤粉质量 120 g。在分析混合破碎中粗颗粒所消耗能量及破碎产物粒度组成时,忽略粗颗粒加入对煤粉破碎的影响,直接将煤粉单独破碎相同时间时的输入能量消耗和粒度分布从混合破碎中剔除,间接获得粗颗粒破碎能耗以及产品粒度组成。

5.3 破碎行为和能量消耗特性对煤样灰分的响应

不同粒度、矿物质成分和含量的原煤破碎行为存在差异,此差异主要表现在初始粒级破碎速率以及相同单位输入能量前提下细颗粒煤粉生成速率。本节将对上述两方面内容分别进行阐述。

5.3.1 不同粒度和灰分煤样的破碎行为

图 5-1 为半对数直角坐标系下,$-2.8+2$ mm 和 $-2+1.4$ mm 各灰分煤样初始粒级残余量随时间变化关系;图 5-2 则为 $-1.4+1$ mm 和 $-1+0.71$ mm 各灰分煤样初始粒级残余量在半对数直角坐标系中随时间的变化关系。在本试验所考察破碎时间内,$-2.8+2$ mm 和 $-2+1.4$ mm 各灰分煤样分别在 80 s 和 200 s 内全部破碎;而两组细粒级样品在 200 s 时仍有部分残留。在半对数直角坐标系内,初始粒级残余量与时间的关系曲线在 80 s 前为直线,即该破碎符合一级动力学;但当时间超过 80 s 后,除已完全破碎的 $-2.8+2$ mm 样品外,其余曲线均略微上扬,即颗粒破碎速率减缓。本研究是在哈氏可磨仪内进行的间断性闭路破碎试验,煤粉将在研磨碗内堆积,进而对粗颗粒破碎产生缓冲作用而降低其破碎速率。此外,随着破碎时间的延长,颗粒粒度变小并最终导致料层与研磨介质间摩擦因数降低进而减少能量输入,如图 5-3 所示。细颗粒在料层中的堆积导致初始粒级整个破碎过程并不符合一级动力学。但曲线斜率的定性分析仍可表明:对同粒度煤样而言,破碎速率随灰分的增加而降低;而当灰分相同时,初始粒级破碎速率随粒度的减小而降低。煤样灰分的增加意

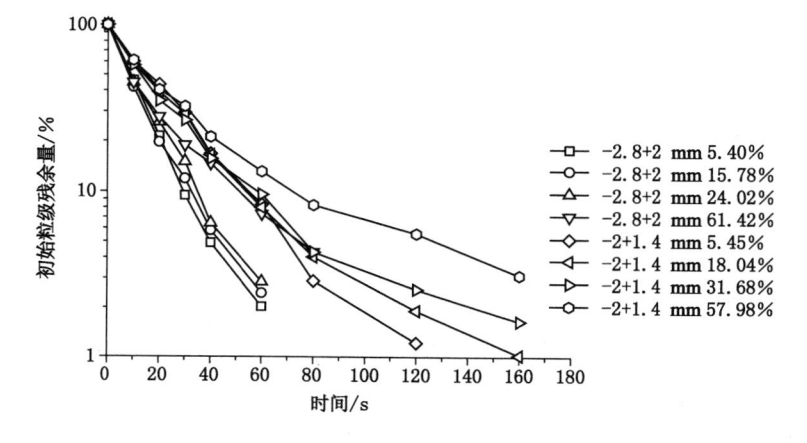

图 5-1 $-2.8+2$ mm 和 $-2+1.4$ mm 各灰分煤样初始粒级残余量随时间的变化

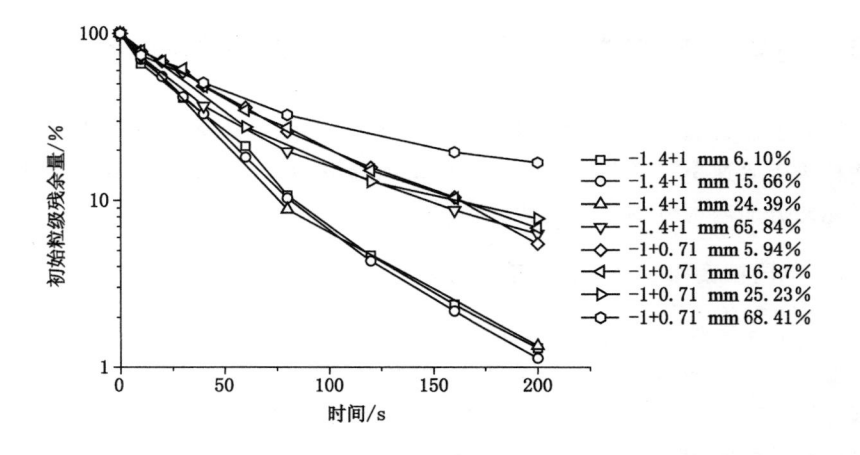

图 5-2　−1.4＋1 mm 和−1＋0.71 mm 各灰分煤样初始粒级残余量随时间的变化

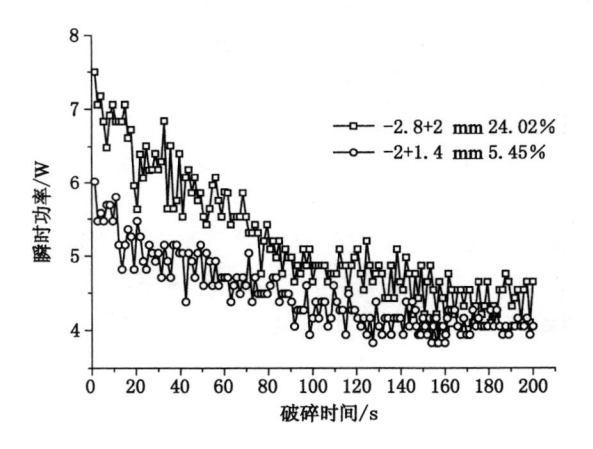

图 5-3　两组代表性样品的瞬时功率随时间的变化

味着硬度较高的伴生矿物含量提高,煤样可磨性变差;而矿物学分析表明颗粒抵抗破碎的能力随粒度的降低而增加,因而本试验中−1＋0.71 mm 各灰分煤样的破碎速率最低。

5.3.2　输入能量对煤样灰分的响应及能量-粒度减小过程的模型化

为分析破碎输入能量对煤样灰分的响应,选取−2＋1.4 mm 各灰分煤样及灰分为 30% 左右各粒级煤样为代表,分析单位破碎能量随时间的变化关系,结果如图 5-4 所示。图 5-4(a)表明:相同粒度煤样的单位破碎能量随灰分的增加而提高,但各灰分煤样间差异较小。－2+1.4 mm 各灰分煤样在破碎 60 s 和 200 s 后的粒度分布如图 5-5 所示。虽然同粒级煤样灰分相差较大,但破碎产品具有相似的粒度组成。输入能量与待磨物料粒度组成相关,因而相似粒度组成致使各灰分煤样的单位破碎能量相差较小。图 5-4(b)则显示相同灰分煤样的单位破碎能量随粒度的降低而减少,抵抗破碎能力较强的细颗粒的输入能量较少,而这将进一步减缓颗粒破碎速率。

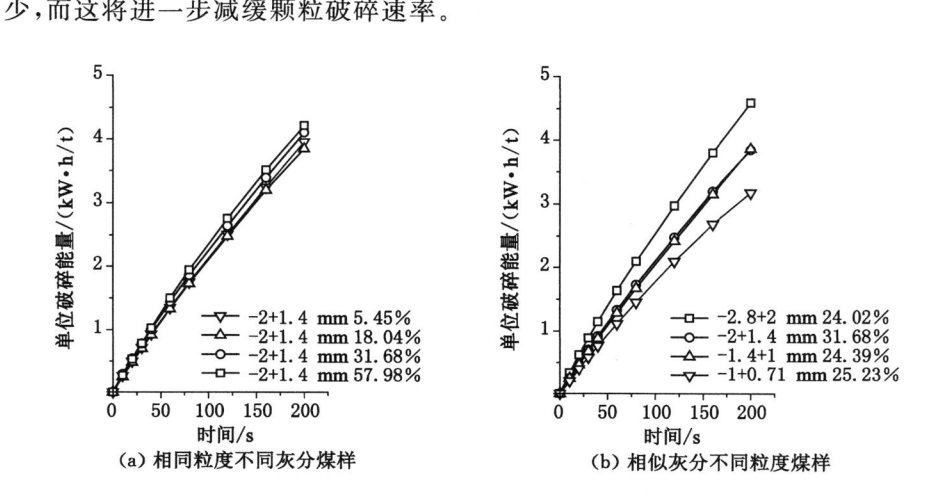

图 5-4　相同粒度不同灰分和相似灰分不同粒度煤样单位破碎能量随时间的变化关系

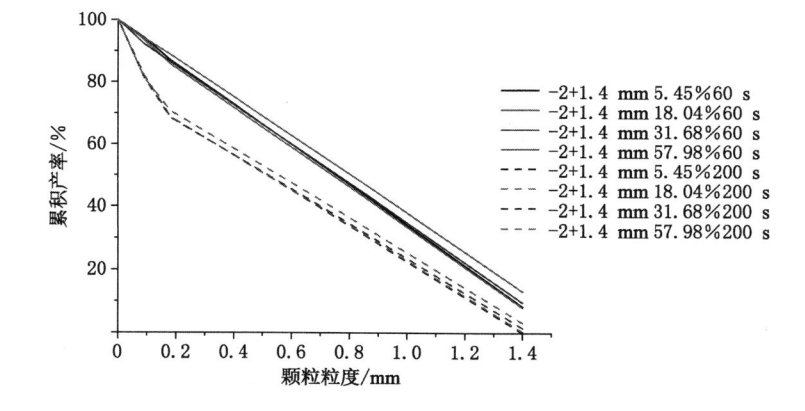

图 5-5　－2+1.4 mm 各灰分煤样在破碎 60 s 和 200 s 后的粒度分布

除单位破碎能量外,产品细度也是重点考察对象。本节仍选择 t_{10} 描述产品细度,t_{10} 含义及计算方法见 3.3.3 节。不同灰分窄粒级原煤煤粉细度 t_{10} 和单位破碎能量如表 5-2 所示。为分析 t_{10} 随时间变化,选取同粒级(-2+1.4 mm)不同灰分及相似灰分(30%)不同粒级煤样为代表,结果如图 5-6(a)和(b)所示。与单位破碎能量随灰分变化的规律相反,同粒级煤样细度 t_{10} 随灰分的增加而降低。灰分高的煤样消耗较多的能量,伴生矿物不易研磨的特性致使高灰煤样破碎的能量效率较低,煤粉细度 t_{10} 较小。煤粉细度 t_{10} 随煤样粒度减小而降低,反映出与单位破碎能量一致的特点,但不同粒级煤样煤粉细度 t_{10} 差异较高。虽然以 t_{10} 为指标时各煤样破碎比均为 10,但初始粒度的不同致使 t_{10} 特征粒径存在 $\sqrt{2}$ 至 $2\sqrt{2}/2$ 的差异。据面积假说推论,粒度越小,比表面积越大,破碎所需能量越高。在灰分相似但粒度不同的试验条件下,细颗粒煤样生成相同 t_{10} 需消耗较多的能量,能量效率偏低。因而各粒级煤样煤粉细度 t_{10} 差异更大。

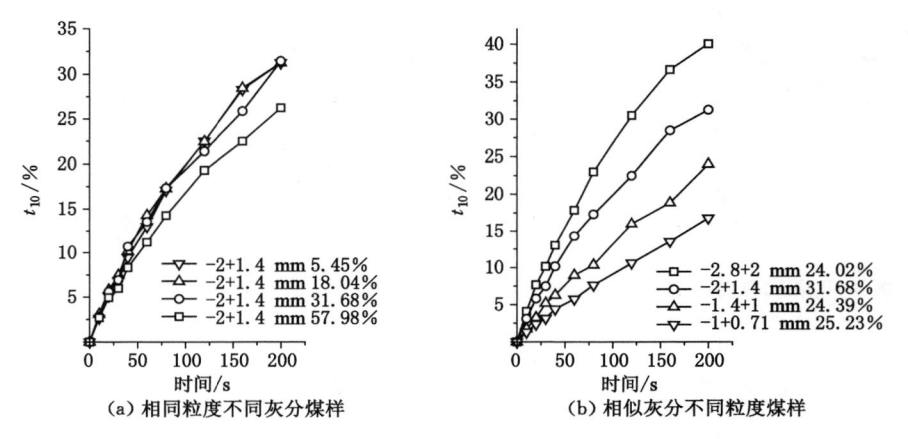

图 5-6　相同粒度不同灰分和相似灰分不同粒度煤样煤粉细度 t_{10} 随时间的变化

定量分析不同灰分、粒度煤样破碎的能量效率,需建立在反映单位破碎能量与煤粉细度 t_{10} 关系的破碎模型基础上。图 5-7 为几组代表性煤样的单位破碎能量与煤粉细度 t_{10} 的关系曲线。由于各煤样粒度与灰分差异较大,曲线呈明显的离散状分布。其中,粒度大、灰分低的煤样曲线位于最上方,粒度小、灰分高的煤样曲线则处在最下方,其他粒度和灰分的煤样曲线则处于中间位置。从图 5-7 中可定性得出煤样破碎的能量效率随粒度的增加而上升、随灰分的增加而下降的结论。但各煤样数据点呈离散分布,需借助统一的破碎模型定量对比不同粒度或灰分煤样的能量效率。因而,如何将颗粒粒度和灰分加入已有破碎模型是完成本研究的关键。在第 3 章模拟窄粒级煤样在 E 型中速磨煤机破碎特

表 5-2　不同灰分窄粒级原煤煤粉细度 t_{10} 和单位破碎能量

粒度 /mm	灰分 /%	单位破碎能量 /(kW·h/t)	t_{10} /%	粒度 /mm	灰分 /%	单位破碎能量 /(kW·h/t)	t_{10} /%
−2.8+2	5.40	0.32	3.88	−2+1.4	5.45	0.26	2.64
		0.59	7.98			0.50	5.12
		0.84	10.18			0.72	6.87
		1.08	13.26			0.93	9.44
		1.53	19.04			1.35	13.01
		1.95	22.72			1.74	17.11
		2.74	31.91			2.51	22.51
		3.48	36.14			3.24	28.30
		4.19	40.48			3.95	31.26
	15.78	0.34	4.09		18.04	0.25	3.09
		0.62	7.64			0.48	5.81
		0.89	10.15			0.70	7.47
		1.15	13.02			0.92	10.16
		1.63	17.84			1.33	14.29
		2.10	22.98			1.72	17.29
		2.97	30.50			2.48	22.46
		3.80	36.65			3.20	28.47
		4.59	40.04			3.85	31.28
	24.02	0.32	4.16		31.68	0.29	2.84
		0.59	7.52			0.54	5.61
		0.84	10.08			0.78	6.93
		1.08	13.93			1.01	10.69
		1.53	19.43			1.44	13.54
		1.95	24.30			1.85	17.33
		2.74	30.11			2.64	21.39
		3.49	36.29			3.39	25.89
		4.19	39.23			4.10	31.45
	61.42	0.30	3.33		57.98	0.27	2.68
		0.58	6.37			0.53	4.94
		0.85	8.21			0.78	5.99
		1.10	10.29			1.03	8.32
		1.60	14.46			1.50	11.20
		2.07	18.98			1.94	14.27
		2.99	26.04			2.76	19.31
		3.88	32.27			3.51	22.49
		4.67	36.47			4.22	26.26

表 5-2(续)

粒度 /mm	灰分 /%	单位破碎能量 /(kW·h/t)	t_{10} /%	粒度 /mm	灰分 /%	单位破碎能量 /(kW·h/t)	t_{10} /%
−1.4+1	6.1	0.22	1.85	−1+0.71	5.94	0.20	1.27
		0.66	4.53			0.38	2.29
		1.32	8.01			0.56	3.31
		1.77	10.86			0.74	4.25
		2.70	16.19			1.08	5.52
		3.66	23.64			1.41	7.19
		4.68	29.71			2.05	10.16
	15.66	0.24	1.75			2.68	12.85
		0.46	3.24			3.30	15.85
		0.68	5.18		16.87	0.20	1.30
		0.88	6.27			0.40	2.38
		1.28	8.96			0.58	3.16
		1.67	10.34			0.77	4.39
		2.42	15.99			1.11	5.75
		3.15	18.86			1.45	7.63
		3.86	24.01			2.10	10.59
	24.39	1.82	14.23			2.69	13.55
		4.16	24.82			3.17	16.77
	65.68	0.26	1.79		25.23	1.21	8.83
		1.01	6.18			2.26	12.86
		1.93	10.71			3.58	18.60
		3.56	18.17		68.41	0.25	1.86
		4.26	20.35			0.95	5.12
						1.40	7.71
						3.51	12.82
						4.26	15.15

性的试验研究中,已将颗粒粒度嵌入破碎模型中。但与前述试验不同,在本次重点考察煤样性质对能耗特性影响的试验中,窄粒级煤样被进一步细分为不同灰分等级,即煤样性质呈现更强的单一性和均匀性。作为多粒级-灰分煤样破碎过程模型化的先导,本节首先使用包含颗粒粒度的模型描述该能量-粒度减小过程,即式(3.5),结果如图 5-8 所示。

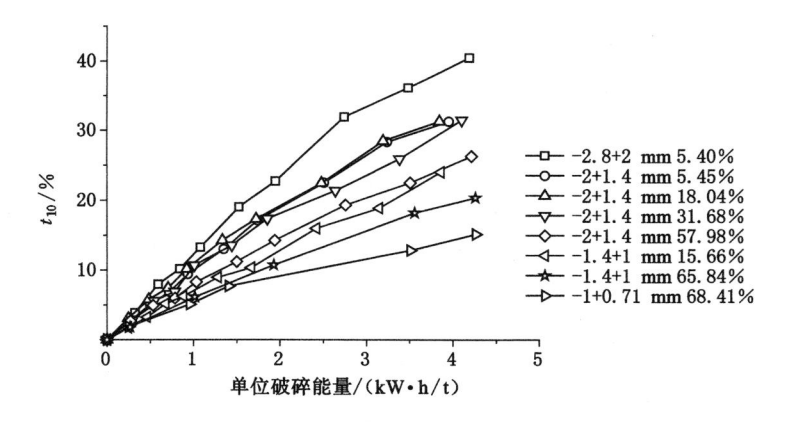

图 5-7 几组代表性煤样煤粉细度 t_{10} 与单位破碎能量的关系

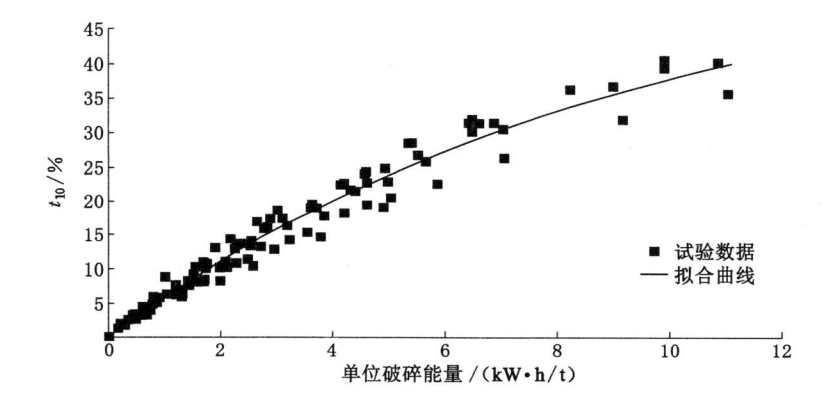

图 5-8 加入粒度参数的破碎模型对试验数据的拟合结果

式(3.5)对试验数据拟合结果的相关系数为 0.97,利用该模型获得的计算 t_{10} 与实际 t_{10} 的对比如图 5-9 所示。综合图 5-8 和图 5-9 表明加入煤样粒度性质的经典破碎模型能够表征窄粒级多灰分煤样的破碎。基于该模型分析计算发现:输入能量相同时,当粗细原煤粒度比为 2 时,粗颗粒煤粉细度 t_{10} 是细颗粒的 1.65 倍;而当上述两煤样煤粉细度 t_{10} 相同时,细颗粒所需能量是粗颗粒的 2 倍。虽然借助该模型可定量对比破碎过程中不同粒级原煤的能量效率,但燃煤电厂入料粒度较宽,不可能仅燃用某单一粒级原煤;原煤的灰分性质尚未考虑,故还不能比较不同灰分煤样的能量效率。

与煤样粒度和能量效率呈正相关关系不同,图 5-7 表明低灰煤样在相同输

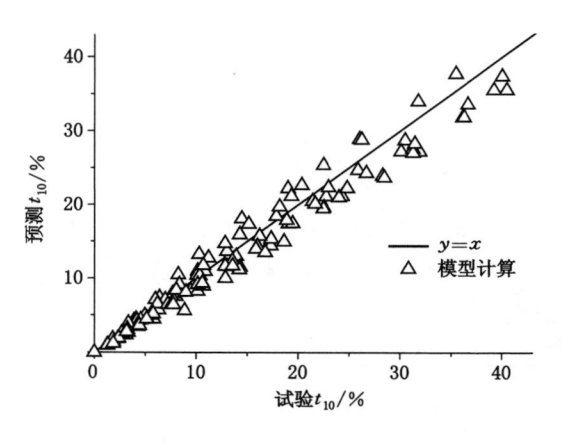

图 5-9 式(3.5)的预测 t_{10} 与试验 t_{10} 对比

入能量时具有较高的煤粉细度 t_{10}，即呈负相关关系。因而与前述将颗粒粒度以与单位破碎能量直接相乘的方式嵌入破碎模型中不同，煤样灰分的处理应采用与之相反的方法。虽然煤样灰分间存在几倍甚至十几倍的差别，但图 5-7 同粒级不同灰分样品的能量-t_{10} 曲线间并未有巨大差异。以 $-2+1.4$ mm 各灰分煤样为例，如图 5-10 所示，各试验点离散分布但差异较小。在将颗粒粒度加入破碎模型后，重新计算的各煤样试验数据已呈较好的指数分布，故将煤样灰分引入模型后应能继续确保试验数据指数分布的特点。基于此，笔者采用以自然常数 e 为底数、以煤样灰分为指数的方法，用单位破碎能量除以处理后的灰分数据。再次以 $-2+1.4$ mm 各灰分煤样为例，据前述方法计算的结果如图 5-11 所示，各数据点的分布已相对集中。

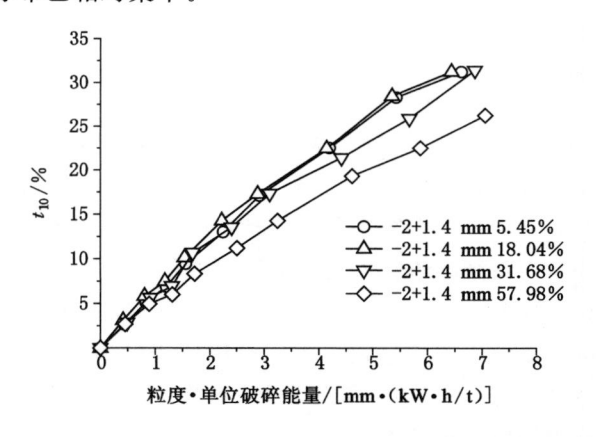

图 5-10 $-2+1.4$ mm 各灰分煤样的试验数据

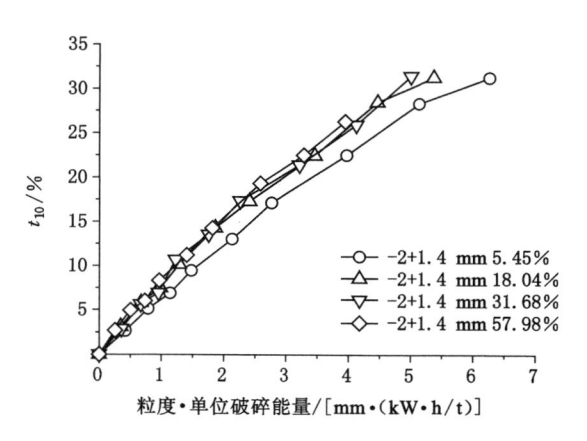

图 5-11 −2+1.4 mm 各灰分煤样处理后的试验数据

优化后的模型如式（5.1），该式的拟合结果如图 5-12 所示。

$$t_{10} = A \cdot (1 - e^{-b \cdot x \cdot E_{cs}/e^{Y_a}}) \tag{5.1}$$

式中，Y_a 为原煤灰分，%；其余各参数意义分别同式（3.3）和式（3.5）。

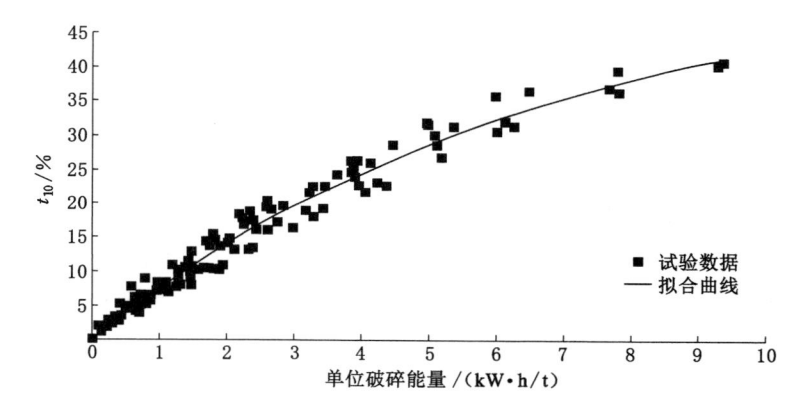

图 5-12 加入粒度和灰分参数的破碎模型对试验数据的拟合结果

对比图 5-8，在图 5-12 中试验数据点更集中地分布在模型曲线附近，特别是远端数据点；且与式（3.5）相比，模型（5.1）对试验数据拟合结果的相关性系数相对较高，达到 0.98。利用式（5.1）计算的 t_{10} 与实际 t_{10} 对比如图 5-13 所示，数据点均匀分布在 $y=x$ 直线两侧。基于模型（5.1）计算：在输入能量相同时，当同粒级原煤的灰分由 45% 降至 25% 时，低灰原煤产品细度 t_{10} 较高灰原煤增加

15%；而在相同煤粉细度 t_{10} 前提下，灰分为 25% 原煤所需能量较灰分为 45% 原煤降低近 20%。定量分析数据表明：在保证生产任务的前提下，选用低灰煤将显著提高原煤破碎的能量效率；在促进产能提升、降低能量消耗的同时，低灰煤中相对较少伴生矿物质将减缓磨辊磨损，提高颗粒破碎速率，降低中速磨煤机循环倍率，提升磨机出力，实现节能减排等目标。2006 年，印度学者 Bhatt 在调查发电量 30～500 MW 燃煤电厂中速磨煤机能耗基础上发现：当电厂原煤灰分由 6% 增加至 50% 时，中速磨煤机的单位发电煤耗将增加 20%。与上述建立在燃煤电厂统计数据分析基础上的结论相比，本书研究内容将原煤灰分对研磨能耗以及产品细度的影响模型化，便于对比分析原煤性质对燃煤电厂运行效率的影响。

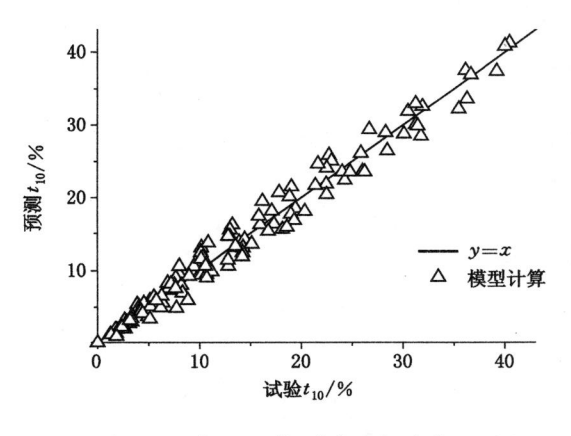

图 5-13　式 (5.1) 的预测 t_{10} 与试验 t_{10} 对比

　　嵌入物料粒度和灰分的能量-粒度减小模型中含有两个未知参量，从数学计算角度分析至少两组试验即可求解获得，较多的试验数据可辅助获得较好的拟合参数，保证模型的预测精度。但本次研究中上百组的试验任务不仅耗费人力，还延长了模型响应周期。为此，在确保模型预测精度的前提下优化设计试验方案，在覆盖全部试验条件的同时科学合理地减少试验次数。此次试验共包含 4 个窄粒度×4 个灰分×9 个输入能量等级（破碎时间），在包含所有条件的基础上设计如下 20 组简化试验组合，如表 5-3 所示。

　　利用模型 (5.1) 拟合简化试验数据，结果如图 5-14 所示，试验数据点均匀地落在拟合曲线附近，相关系数 R^2 为 0.96。为校验模型精度，利用 20 组简化试验的拟合参数计算其余粒度、灰分和输入能量等级试验的煤粉细度 t_{10}，并与试验值对比，如图 5-15 所示，数据点均匀落在 $y=x$ 直线两侧。上述分析表明利用优化设计的试验组合替代原多参数试验是可行的。

表 5-3　优化设计后的试验参数组合

粒度/mm	灰分/%	能量等级	粒度/mm	灰分/%	能量等级
−2.8+2	5.4	1	−2+1.4	57.98	1
		5			6
	15.78	2	−1.4+1	24.39	2
		6			7
−2+1.4	5.45	3		65.84	3
		7			8
	18.04	4	−1+0.71	5.94	4
		8			9
	31.68	5		68.41	1
		9			5

注:因哈氏可磨仪破碎物料所消耗的能量与物料性质相关而难以精确控制,故表中的能量等级对应本试验中 9 个破碎时间内所监测到的输入能量。

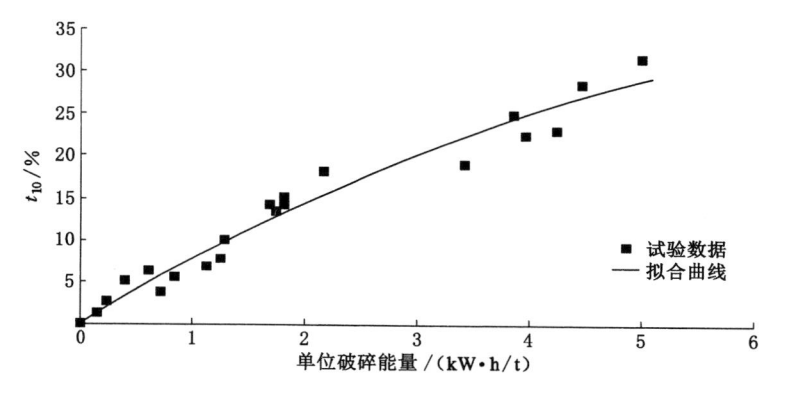

图 5-14　20 组的简化试验数据对模型(5.1)的验证

　　本节研究旨在为燃煤电厂燃用低灰煤或在燃煤破碎前加入分选工艺提供数据支撑。在确保可燃体回收率和燃煤热值的前提下去除煤中部分矿物质,可显著降低中速磨煤机内原煤破碎能耗以及磨机用电率。除此之外,实现中速磨煤机的节能降耗还可从循环物料控制的角度出发。基于中速磨煤机内循环物料灰分和硫分偏高、质量流量过大的特点,将其中的高灰高硫矿物质去除,可显著降低循环倍率,优化原煤的破碎环境。为此,下节将继续采用模拟研究的方法,分析评估循环物料中矿物质去除的节能效应。

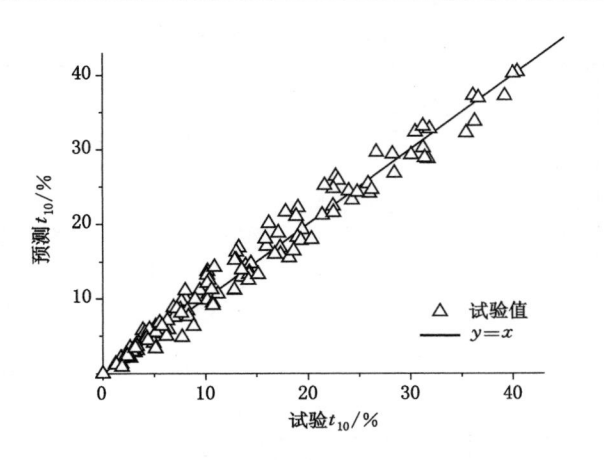

图 5-15　基于简化试验数据的拟合参数对试验结果的预测

5.4　返料中矿物质累积对破碎特性和能耗的影响

5.4.1　返料中矿物质对煤粉细度的影响

灰分反映煤中矿物质含量,在本组模拟试验中,循环返料中矿物质含量通过煤粉灰分控制。在进行多组粗粒原煤与宽粒级煤粉的混合破碎试验后,对比各组试验物料所产生的煤粉细度差异。本节选用合格煤粉产率,即−0.09 mm 物料产率作为评价指标。各密度级煤粉与粗粒原煤的混合试验中,整个混合煤样新生成的−0.09 mm 细粉含量不同,各试验条件混合煤样中−0.09 mm 生成量如图 5-16 所示。

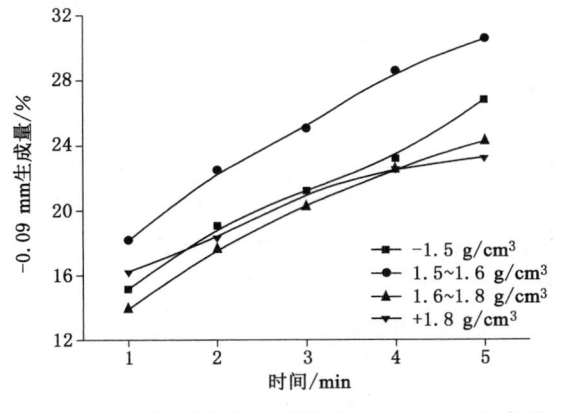

图 5-16　各试验条件混合煤样中−0.09 mm 生成量

从图中可以看出,各密度级返料与粗粒原煤混合破碎时-0.09 mm细粉的生成量随研磨时间的增加而增多,不同密度级返料破碎时细粉的生成量有差异。在同一时间节点,返料为$1.5\sim1.6$ g/cm³密度级曲线始终位于图示最上方,-0.09 mm细粉生成量最大。其余三个密度级物料破碎时细粉生成量随时间变化相互交错:返料密度为$+1.8$ g/cm³时,仅初始的细粉生成量略高于另外两个密度级,为16.21%,此后其细粉生成速率并没有-1.5 g/cm³、$1.6\sim1.8$ g/cm³密度级快,在5 min时,该密度级的细粉生成量最少;返料密度为-1.5 g/cm³时,在整个破碎过程中,其细粉生成量基本高于$1.6\sim1.8$ g/cm³、$+1.8$ g/cm³密度级,仅次于$1.5\sim1.6$ g/cm³时细粉的生成量。

上述试验现象表明,并不是返料中的矿物质越少越利于-0.09 mm细粉的生成,矿物质含量与新鲜入料灰分相似时,细粉的生成量最多,煤粉中混合的少量矿物质:一方面,可以起到磨介作用,高硬度矿物的加入能够促进煤的破碎,促进细粉的生成;另一方面,黏土类矿物质在细粉中的聚集能够增加-0.09 mm的细粉生成量,这与第4章研究结论相一致。返料矿物质的持续增加,会阻碍整个煤层的细粉生成过程。硬矿物在煤炭床层中的聚集累积降低了细粉生成率。

评价煤粉细度的另一个重要指标为参数t_{10},t_{10}为粗粒级物料破碎细度参数,它是指破碎产物中小于初始粒级几何平均数1/10的物料质量分数,该试验选用的粗粒原煤的初始粒度为$-1.4+1$ mm,本书讨论的t_{10}为-0.12 mm粒级的含量。在分析混合破碎中粗粒原煤生成的t_{10}含量时,作出如下假设:因粗颗粒的含量仅为5.6 g,忽略粗颗粒加入对煤粉破碎的影响,直接将煤粉单独破碎时的粒度分布从混合破碎中去除,以间接获得粗颗粒破碎产品的粒度组成。各试验条件下粗粒级煤粉t_{10}的变化量如图5-17所示。

从图中可以看出,在同一时间节点,不同密度级返料对粗粒原煤的破碎有一定影响,煤粉细度t_{10}在返料密度级为$1.5\sim1.6$ g/cm³最大,$1.6\sim1.8$ g/cm³次之。返料为$+1.8$ g/cm³密度级物料时的煤粉细度t_{10}最小。

在试验设计中,返料四个密度级-1.5 g/cm³、$1.5\sim1.6$ g/cm³、$1.6\sim1.8$ g/cm³、$+1.8$ g/cm³的灰分分别为14.24%、25.04%、37.41%、52.62%。其中返料密度级为$1.5\sim1.6$ g/cm³时灰分与粗粒原煤灰分25.07%基本一致,即返料密度级为$1.5\sim1.6$ g/cm³时矿物质含量与粗粒原煤中矿物质含量近似。通过上述试验现象说明:当返料煤粉中矿物质含量低于粗粒原煤时,不利于新鲜物料的破碎;返料煤粉中矿物质含量与粗粒原煤中矿物质含量相差不大或稍高于粗粒原煤时,最有利于粗粒煤的破碎;循环返料中矿物质持续累积会大大削弱新鲜入料的破碎。

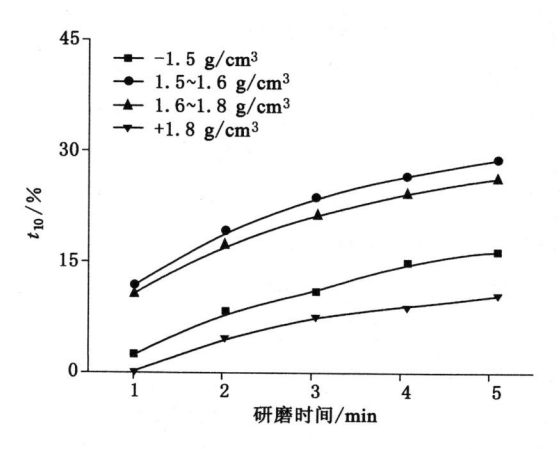

图 5-17　各试验条件下粗粒级煤粉 t_{10} 的变化量

5.4.2　返料中矿物质对破碎能耗的影响

磨机能耗能直接反映其运行效率,试验中利用功率测量仪对哈氏可磨仪在研磨时的实时功率进行采集。两组混合破碎的实时监测功率数据如图 5-18 所示。

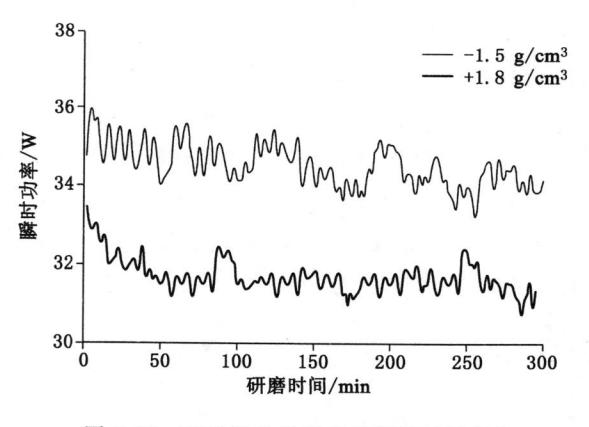

图 5-18　两组样品的瞬时功率随时间变化

由图可知,哈氏可磨仪的瞬时功率在返料样品为 -1.5 g/cm³ 和 $+1.8$ g/cm³ 两个密度级时有明显差异,在 -1.5 g/cm³ 密度级返料时,磨机的输入瞬时功率更大。各组试验样品初始的物料量及粒度组成相似,试验变量仅为不同密度级的煤粉,该结果与返料煤中矿物质的种类及含量密切相关。由前述分析可知,返料样品为 -1.5 g/cm³ 时,-0.09 mm 粒级煤粉在各个时间点生成量恒高于返料样品为

＋1.8 g/cm³时的细粉生成量,生成物料粒度越细,所需的能耗也越高。

　　两组试验条件下,哈氏可磨仪的瞬时功率随研磨时间的延长呈减小趋势。在破碎过程中,煤层中细粉含量增加,细粉间的摩擦因数降低,从而减少破碎环节的能量输入。另一方面,粗粒煤相较于细粒煤在磨机中更易磨碎,根据面积假说和体积假说可知,生成粒度越小的颗粒将消耗更多的能量,因此,在破碎过程中需要的能量也会更大。

　　通常,输入磨机的功率转化为有用功和无用功两种形式。有用功,用于煤层的破碎,包括破碎过程中新生成的裂隙和表面所需的功;无用功,是使磨机运行时不得不做的额外功,包括磨机各个部件传动时克服摩擦所做的功以及磨机各部件的磨损发热时消耗的功。物理学上,机械效率是标志机械做功性能好坏的物理量,机械效率越高,该设备的机械性能越好。其物理表达式为:

$$\eta = \frac{W_{有用}}{W_{总}} \times 100\% = \frac{W_{总} - W_{无用}}{W_{总}} \times 100\% \qquad (5.2)$$

式中　　η——磨机的机械效率,%;

　　　　$W_{总}$——磨机工作时总功,J;

　　　　$W_{有用}$——磨机工作时有用功,J;

　　　　$W_{无用}$——磨机工作时无用功,J。

　　由于机械在接收输入功的同时输出功,且输入功率和输出功率相互影响,因此机械效率又可定义为输出功率与输入功率的百分比,即

$$\eta = \frac{P_{输出}}{P_{输入}} \times 100\% \qquad (5.3)$$

式中　　$P_{输入}$——磨机运行时输入功率,W;

　　　　$P_{输出}$——磨机运行时输出功率,W。

　　本研究中利用差值法计算哈氏可磨仪用于煤层破碎时的输入功率,式(5.3)可化为如下形式:

$$\eta = \frac{P_{负载} - P_{空载}}{P_{负载}} \times 100\% \qquad (5.4)$$

式中　　$P_{负载}$——磨机负载运行时功率,W;

　　　　$P_{空载}$——磨机空载运行时功率,W。

　　通过式(5.4)计算可得各时间节点不同密度级返料与原煤混合破碎时的机械效率,其结果如图5-19所示。

　　从图中可知,各密度级返料与粗粒原煤混合破碎时哈氏可磨仪的机械效率随研磨时间的增加而降低。研磨时间越长,哈氏可磨仪磨碗中料层的粒度组成越细,细粉会逐渐充填在煤粒间隙中,物料间的摩擦因数降低,哈氏可磨仪用于破碎物料的输入功率降低,随之使其机械效率降低。

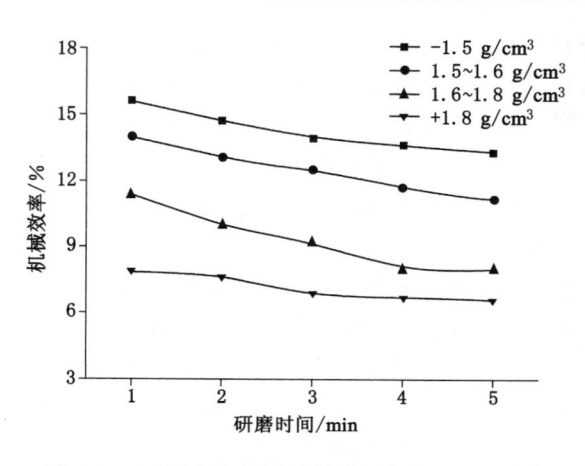

图 5-19　不同密度级返料各时间节点的机械效率

在同一时间节点,哈氏可磨仪的机械效率随返料的密度级增大而降低。以哈氏可磨仪运行在第 5 min 的检测数据分析,返料为－1.5 g/cm³ 时的机械效率分别比返料 1.5～1.6 g/cm³、1.6～1.8 g/cm³、＋1.8 g/cm³ 的机械效率高 19.18％、67.08％、101.85％。由此看出,煤粉中矿物质的累积对磨机机械效率的影响十分显著,如果能通过干法技术去除部分矿物,磨机机械效率将会较大提高,尤其是高硫高灰矿物质的去除,对节能减排助益较大。

在混合破碎中充当新鲜入料的粗粒原煤破碎时所需的能量可评价不同密度级物料对粗粒原煤破碎时的影响。在分析混合破碎中粗粒原煤破碎能量时,作出如下假设:因粗颗粒的含量仅为 5.6 g,忽略粗颗粒加入对煤粉破碎的影响,直接将煤粉单独破碎时的能耗从混合破碎中去除,以间接获得粗颗粒产品的能耗。

依据上述假设和测试方法可获得各试验条件的混合破碎中粗粒级单位破碎能量 E_{cs},各试验条件下单位破碎能量随时间的变化关系如图 5-20 所示。

由图可以看出,粗颗粒的单位破碎能量随混合破碎中返料密度级的增加而增加,且此差异随着破碎时间的延长越加显著,并在 5 min 时达到最大。返料密度级为＋1.8 g/cm³ 时,粗颗粒的单位破碎能量比返料密度级为－1.5 g/cm³ 的单位破碎能量高 36.27％,这说明返料中灰分越高,矿物质越多,破碎单位质量的粗粒样品需输入更多的能量。返料密度级增大,煤中矿物质含量将循环聚集,并含有一些难研磨的高硬度矿物,这也导致磨机需耗费较多的能量用于物料床层中返料的破碎。

利用式(3.3)拟合该混合破碎过程中粗颗粒所消耗的能量与煤粉细度 t_{10} 的关系。模型中的拟合参数如表 5-4 所示,各试验条件下的拟合曲线如图 5-21 所示。从该拟合数据可以看出拟合精度较高,拟合相关系数 R^2 基本达到 0.99 以上。

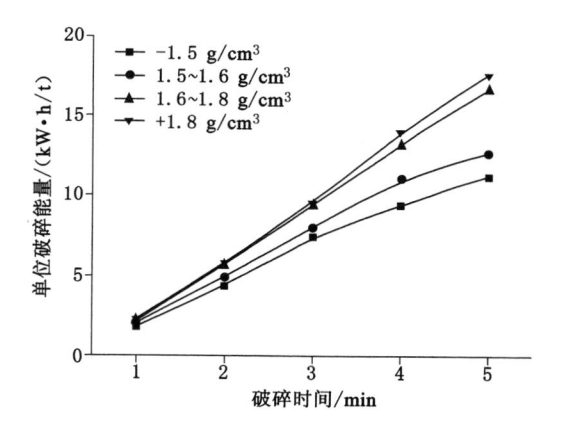

图 5-20　各试验条件下粗粒级单位破碎能量随时间变化

表 5-4　各试验条件下经典破碎模型拟合参数

返料密度级 /(g/cm³)	拟合参数		
	A	b	R^2
−1.5	32.403	0.065	0.991
1.5~1.6	29.561	0.222	0.992
1.6~1.8	26.138	0.205	0.988
+1.8	15.053	0.066	0.993

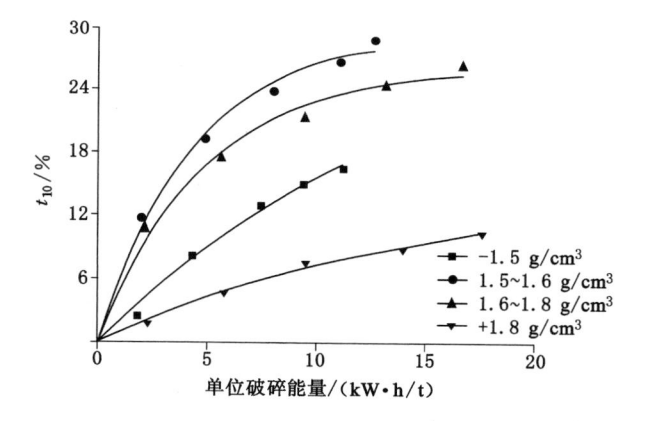

图 5-21　粗粒级煤粉细度 t_{10} 及单位破碎能量 E_{cs} 间的关系

　　拟合结果表明:经典破碎模型能够很好地模拟中速磨煤机内返料性质变化时,粗粒原煤能量与粒度之间的关系,且该模型的相关性较高。在破碎能量相同时,返料密度为 $1.5 \sim 1.6$ g/cm³ 时,混合破碎中的粗颗粒产品的 t_{10} 相对较高,返料密度在 $1.6 \sim 1.8$ g/cm³ 时粗颗粒产品的 t_{10} 次之,返料密度在 $+1.8$ g/cm³ 时,混合破碎中粗颗粒产品的 t_{10} 最小,这说明返料中矿物质的累积对中速磨煤机新鲜入料的破碎程度呈负相关关系。然而该试验中返料为 $+1.5$ g/cm³ 混合破碎中粗颗粒产品的 t_{10} 与上述规律并不一致,这是由于密度级较小的煤中矿物质含量相对较低,对粗粒原煤的破碎起研磨介质的促进作用较小。

对于工业型中速磨煤机制粉过程,返料中矿物质相较于新鲜入料中含量较高。返料煤粉的密度越大,灰分越高,输入相同的破碎能量时,新鲜入料的煤粉细度 t_{10} 越低,越不利于新鲜入料的破碎。

5.5 循环物料控制能耗效应的模拟研究

颗粒破碎行为除受中速磨煤机种类、作用力类型等影响外,还将受破碎环境的制约。在物料逐级破碎过程中,床层主导粒级由粗变细,破碎环境的改变亦将影响颗粒的破碎行为。循环物料的控制主要体现在煤粉灰分和硫分的降低,以及循环倍率的减少即床层中细粒煤粉与粗颗粒质量比的降低。本节在进行多时间批次混合煤样与细粒级煤粉的破碎试验后,忽略粗颗粒加入对细颗粒破碎行为和输入能量的影响,间接获得各混合条件下粗颗粒的破碎行为和输入能量。此次研究中粗颗粒的破碎环境与其单独破碎不同,故未设计粗颗粒的单独破碎试验。

循环物料控制的模拟试验中粗颗粒所消耗的能量如表 5-5 所示。相同时间时各条件下粗颗粒消耗能量差异较小。试验过程中,磨盘上的物料始终以细颗粒为主,粗颗粒仅为 $10 \sim 17$ g。粗颗粒在数次经过磨辊与磨盘间隙后碎裂为小颗粒,加之各混合破碎条件下模拟循环物料具有相同的粒度分布,最终各条件下物料粒度组成差异较小。在模拟循环物料控制时,磨辊加载力、磨辊旋转半径及磨辊个数均为定值,因而输入能量主要受摩擦因数影响。在磨盘物料粒度组成相似的前提下,各试验条件下物料与磨盘及磨辊间的摩擦因数相差较少,输入能量亦表现出相似的规律。但各条件下粗颗粒质量不同,导致单位破碎能量呈现如图 5-22 所示变化规律,后续对比分析均建立在单位破碎能量基础上。

表 5-5　各试验条件下输入能量随时间的变化

破碎时间/s	输入能量/J		
	6:1	8:1	11:1
20	28.99	26.62	26.68
30	38.09	39.75	39.88

表 5-5(续)

破碎时间/s	输入能量/J		
	6∶1	8∶1	11∶1
40	52.66	49.94	50.88
60	76.35	71.69	73.90
90	107.27	103.89	108.11
120	133.87	134.75	141.31

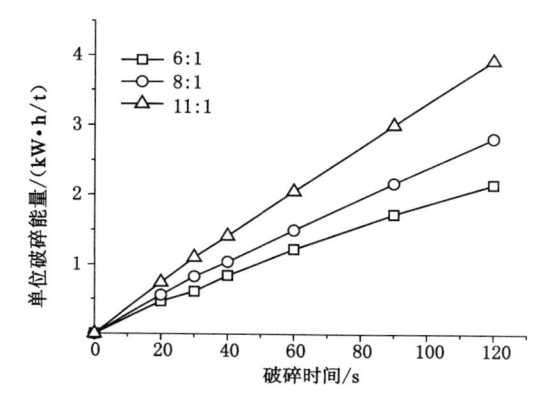

图 5-22　各试验条件下单位破碎能量随时间的变化

与本书前述内容相似,本节首先采用 t_{10}(0.47 mm)评价粗颗粒破碎产品细度。各试验条件下煤粉细度 t_{10} 随时间的变化如图 5-23 所示。当破碎时间相同时,煤粉细度 t_{10} 随粗颗粒在混合物中质量占比的提高而增加。各试验条件下单位破碎能量的不同致使煤粉细度 t_{10} 的差异在 60 s 时达到峰值,而当破碎时间进一步延长,t_{10} 的差异逐渐减少并消失。本次试验中,粗颗粒破碎速率较高,细颗粒生成速率也较快。由于粗颗粒(−5.6+4 mm)破碎产品 t_{10} 所对应的特征粒度(0.47 mm)相对较粗,导致当破碎时间较长时大部分煤粉已小于该特征细度。此外,循环物料控制还将引起破碎能量效率的变化(即单位破碎能量相同时,煤粉细度 t_{10} 的差异)。煤粉细度 t_{10} 与单位破碎能量间的关系如图 5-24 所示。对比分析表明:当单位破碎能量为 1 kW·h/t 时,细粗颗粒质量比为 6∶1 和 8∶1 的煤粉细度 t_{10} 分别较 11∶1 时高 15% 和 30%。为进一步分析循环物料控制对粗颗粒破碎的影响,利用式(3.5)对图 5-24 中数据拟合,拟合参数如表 5-6 所示。需要说明:拟合参数 A 代表煤粉细度 t_{10} 的最大值。因此,当参数 A 的拟合结果大于 100 时,直接将 A 值定为 100 并再次拟合获得参数 b。各试验数据的拟合精度较高,其中拟合值 A 和 b 的乘积代表矿物抵抗破碎的能力,其数值越高意味着抵抗破碎的能力越弱。当细粗颗粒质量比由 $6:1$ 上升至 $11:1$ 时,$A \cdot b$ 由 171.77 降低至 78.22。虽然试验对象为同种窄粒级煤炭,但研磨环境的差异致使其表现出不同的破碎性能。当粗颗粒质量含量较低时,较多的细颗粒使床层变软,缓冲作用明显;当床层受挤压作用而体积收缩时,作用在粗颗粒上的破碎能量逐渐被细颗粒分散导致其能量效率较低,并最终导致在最高的细粗质量比条件下,粗颗粒表现出较高的抵抗破碎能力。

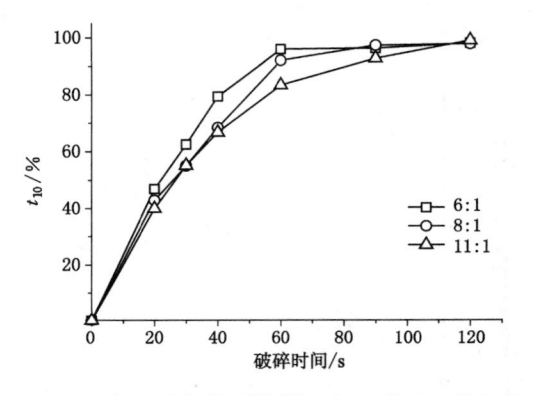

图 5-23   各试验条件下煤粉细度 t_{10} 随时间的变化

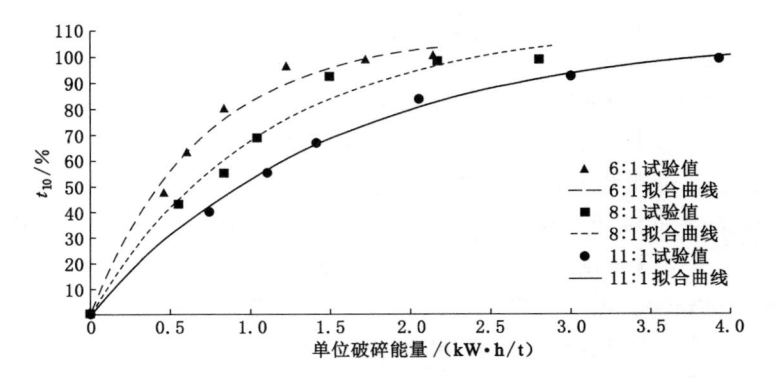

图 5-24   煤粉细度 t_{10} 与单位破碎能量间的关系

表 5-6   各试验条件下经典破碎模型的拟合参数

破碎条件	A	b	$A \cdot b$	R^2
$6:1$	100	1.717 7	171.77	0.979 2
$8:1$	100	1.160 5	116.05	0.972 9
$11:1$	100	0.782 2	78.22	0.992 0

　　如前所述,本节研究中 t_{10} 所对应的特征粒度相对较粗,而燃煤电厂合格煤粉细度的评价通常选取 -0.09 mm。因此,为进一步说明煤粉细度对循环物料控制的响应,本节再次讨论 -0.09 mm 煤粉产率与单位破碎能量的关系,如图 5-25 所示。与图 5-24 类似, -0.09 mm 煤粉产率与单位破碎能量呈现相似的变化规律。虽然相同时间时各试验条件下该粒级煤粉产率差异较小,但能量效率显著不同。在循环倍率由 11 降至 6 时,当单位破碎能量均为 2 kW·h/t 时, -0.09 mm 煤粉产率由 22% 提高至 43%;而当该粒级产率为 30% 时,所需破碎能量则由 3 kW·h/t 降低至 1.3 kW·h/t。虽然循环物料控制的模拟研究与工业型中速磨煤机内颗粒破碎不同,但从定性分析的角度仍可说明循环物料的控制具有良好的节能效果。

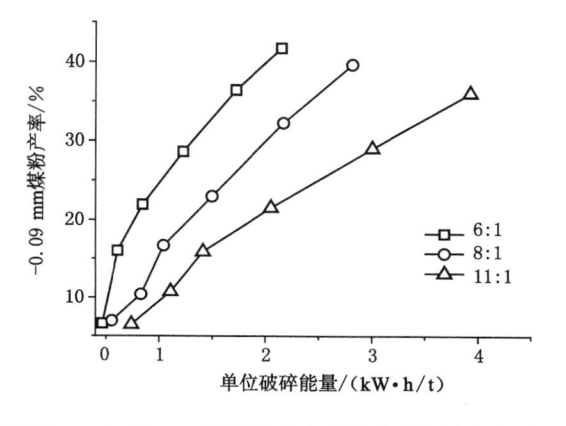

图 5-25　-0.09 mm 煤粉产率和单位破碎能量间的关系

5.6　本章小结

　　本章从改变煤样性质的角度模拟研究其对颗粒破碎行为和能量消耗特性的影响。窄粒级不同灰分的多时间批次破碎试验表明:颗粒破碎初期符合一级动力学,但随着细颗粒的累积和输入能量的降低,初始粒级破碎速率逐渐降低而不符合一级动力学。各样品粒度和灰分的差异致使煤粉细度 t_{10} 和单位破碎能量的数据点离散性分布,试验数据模型化困难。在分别考察粒度和灰分对颗粒能量-粒度减小过程影响的基础上,建立了包含粒度和灰分的模型,并利用该模型计算不同灰分煤样在相同破碎能量时煤粉细度差异以及在获得相同煤粉细度时的能量差异。

　　模型计算结果显示:破碎能量相同时,当同粒级原煤灰分由 45% 降至 25%

时,低灰原煤产品细度 t_{10} 较高灰原煤增加 15％；在相同煤粉细度 t_{10} 前提下,灰分为 25％原煤所需能量较灰分为 45％原煤降低近 20％。由于考察样品粒度、灰分对能耗特性影响的试验量巨大,时间冗长,通过优化试验组合,设计涵盖所有粒度、灰分和能量等级的简化试验方案。试验数据与上述数学模型高度匹配。

　　返料中矿物质累积对煤炭破碎过程的影响试验模拟研究则显示:各密度级返料与粗粒原煤混合破碎时哈氏可磨仪的机械效率随研磨时间的增加而降低。在同一时间节点,哈氏可磨仪的机械效率随返料密度级增大而降低。煤粉中矿物质的累积对哈氏可磨仪机械效率的影响十分显著,利用技术手段去除返料中部分矿物,将利于节能降耗目标的实现。

　　混合破碎中粗颗粒的单位破碎能量随返料密度级的增加而增加,在哈氏可磨仪运行 5 min 时,返料密度级为 $+1.8$ g/cm^3 的粗颗粒的单位破碎能量比返料密度级为 -1.5 g/cm^3 的单位破碎能量高 36.27％。经典破碎模型能够较好地表现磨机内返料性质、粗粒原煤单位能量与煤粉粒度间的关系。在实际工业制粉过程中,返料煤粉的矿物质含量越高,输入相同的破碎能量时,其煤粉细度 t_{10} 越低,越不利于新鲜入料的破碎。

　　循环物料控制的节能效应研究以减少循环物料灰分和硫分、降低循环倍率为切入点,模拟研究其对粗颗粒破碎产物粒度分布、煤粉细度以及能量效率的影响。结果显示当循环倍率由 11 降至 6 时,煤样破碎特征指标 $A \cdot b$ 值提高 2 倍,颗粒抵抗破碎能力减弱;产生相同含量 -0.09 mm 煤粉时节约能量 56.67％,在相同输入能量前提下,-0.09 mm 煤粉产率提高 2 倍。

6 燃煤电厂工业型中速磨煤机现场采样及数据分析

6.1 概述

中速磨煤机种类繁多,并广泛应用在煤粉磨制、水泥制备、矿石粉碎等领域。矿物研磨能耗偏高是困扰各生产单位的问题。科研人员通过开发设计新型磨机、对物料进行预处理(高压电脉冲或微波)或对比分析不同类型中速磨煤机研磨及能量效率,进而优化矿物处理工艺,降低能量消耗。对燃煤电厂而言,目前普遍使用的中速磨煤机主要包括 E 型、HP 型和 ZGM 型。三类磨煤机研磨构件结构不同,研磨能耗存在差异;此外一次热风在磨煤机内需克服的通风阻力也受研磨构件结构影响,进而间接引起中速磨煤机能耗的不同。为更好地对比研究 E 型和 ZGM 型工业中速磨煤机的运行特性,分别开展了两类磨机的工业采样试验。本章将在磨机运行及采样数据基础上,分析不同类型中速磨煤机的运行特性,并从整体工艺(研磨＋分级)和原煤破碎两方面对比分析两类中速磨煤机能量效率的差异,为燃煤电厂合理选择中速磨煤机提供一定的借鉴。

6.2 取样对象与方法

工业采样的对象 E 型中速磨煤机属陕西榆林能源集团能源化工有限公司的自备电厂,磨机型号为 ZQM-178,ZGM 型中速磨煤机属江苏徐塘发电有限责任公司,磨机型号为 ZGM-95。其中,E 型中速磨煤机所采样的物料仅包括磨机入料以及合格煤粉;ZGM 型中速磨煤机则在试验改造基础上,采集磨机入料及排料、合格煤粉、锥形体入料及出料、分离器入料及返料。

根据锅炉对燃料性质要求的不同,ZGM 型中速磨煤机所配备的分离器主要包括:离心式静态挡板分离器、离心式动态分离器以及静动组合式旋转分离器。受采样试验所选取的磨机限制,本书所选取的 ZGM-95 型中速磨煤机配备的是离心式静态挡板分离器,将通过开孔采样试验开展针对其运行特性的研究。磨机全封闭的结构特点导致不能直接获取其内部的锥形体及分离器的入料和返料。为此,课题组与北京电力设备总厂有限公司合作,在世界范围内首次对工业

ZGM 型中速磨煤机进行开孔改造,分别在磨机筒体上锥形体和分离器入料以及分离器返料位置开孔。ZGM 型中速磨煤机具体的改造布局及示意分别如图 6-1 和图 6-2 所示。

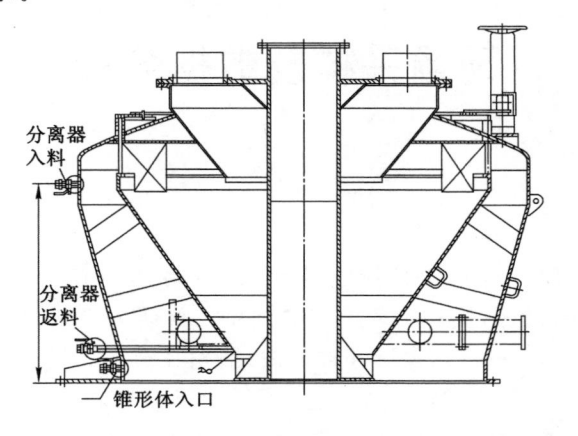

图 6-1　ZGM 型中速磨煤机改造结构示意图

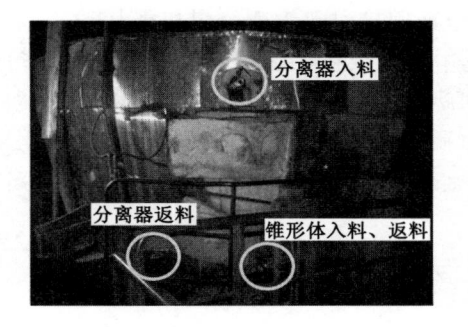

图 6-2　ZGM 型中速磨煤机筒体开孔示意图

6.2.1　中速磨煤机入料取样

中速磨煤机入料的收集在给煤机上进行,为保证样品代表性,样品取自给煤机落煤胶带全截面上。E 型中速磨煤机入料采自给煤胶带,试验中采样匀速地在入料截面移动以采集整个截面的物料,确保采集样品的代表性。为避免煤粉逸出,江苏徐塘发电有限公司的 ZGM 型中速磨煤机采用了全封闭式耐压计量给煤机,如图 6-3 所示。为确保取样精度,课题组与徐州展鹏机电设备有限公司合作设计并制造了 ZGM 型中速磨煤机入料取样装置,如图 6-4 所示,并将该装置安装在江苏徐塘发电有限公司 ZGM 型中速磨煤机给料机中。取样过程中,推入采样装置的手柄使采样勺沿给煤机截面移动收集样品;采样结束后,拉出采样勺时向下旋转螺杆确保密封,防止煤粉逸出。E 型和 ZGM 型中速磨煤机入料的采样过程分别如图 6-5 和图 6-6 所示。

图 6-3　全封闭式耐压计量给煤机

图 6-4　自制磨机入料取样装置

图 6-5　E 型中速磨煤机的入料采集

图 6-6　ZGM 型中速磨煤机的入料采集

6.2.2　煤粉产品取样

使用标准平头取样枪(图 6-7)对煤粉管道进行取样。由于四根煤粉管道分别位于锅炉的四个角,两两之间相距较远,而现场只有两个压缩空气源,因此,为了保持在稳定的运行状态下尽快完成对煤粉管道中煤粉的同时取样,试验人员使用两把平头取样枪同时进行采样,每把取样枪负责其中的两根煤粉管道。采样过程严格按照电力行业标准《直吹式制粉系统的煤粉取样方法》(DL/T 942—2005)执行。图 6-8 中研究人员正在进行煤粉采集。

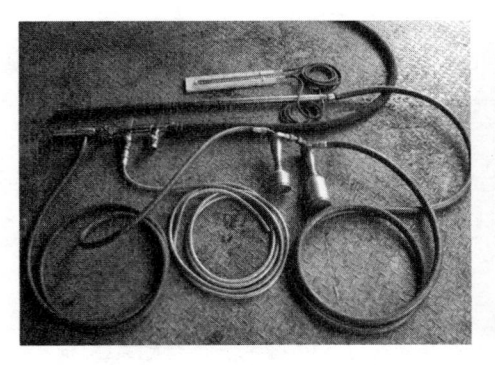

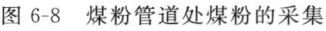

图 6-7　标准平头取样枪　　　　　图 6-8　煤粉管道处煤粉的采集

6.2.3　煤粉分离器入料、锥形体入料与返料取样

中速磨煤机内部煤粉分离器入口和锥形体入口处的样品粒度相对较粗,为了保证取样样品的代表性,取样口的尺寸应尽可能大。因此,中国矿业大学委托北京电力设备总厂有限公司自行设计了一种新的平头取样枪,该取样枪的工作原理与标准平头取样枪相似,但是该取样枪的取样孔大小为 20 mm(图 6-9)。利用该取样枪分别进行煤粉分离器入口(A)以及锥形体入口(B),即煤粉分离器入料、锥形体入料以及锥形体返料的取样。根据等同心圆面积原则,采样点 A 和 B 被划分为 10 个和 9 个相同的面积区域(图 6-10)。进行 A 点采样时,通过秒表控制取样枪在不同的面积区域停留相同的时间,各个点累积的物料量代表各点的物料性质。B 点采样方法与 A 点相同,但 9 个采样区域又划分为两部分,外六点认为是锥形体入料,内三点认为是锥形体返料。这是因为在对 B 点的内三点试采样时发现,平头取样枪的取样孔朝上比朝下所采集的物料量大得多,且粒度更粗,因此认为该位置存在着一个分离区。

6.2.4　煤粉分离器返料和中速磨煤机排料取样

煤粉分离器返料位于中速磨煤机煤粉分离器内锥体的下部,该采样点应设置在距离落煤管相对较远的位置,以避免原煤对样品的污染。由于物料位于煤粉分离器内锥,采样前须分别在磨机壁与煤粉分离器壁上改造一对相对应的取样孔,两孔之间用钢管相连接,从而能够使采样装置从中速磨煤机外壁上的孔穿过钢管直接深入到煤粉分离器内下部,对煤粉分离器返回的粗颗粒产品进行采集。ZGM-95 型中速磨煤机内煤粉分离器返料的采样管如图 6-11 所示。此外煤粉分离器返料在中速磨煤机内部运动,该节点物料的采集难度相对较高。为

图 6-9　煤样平头取样枪

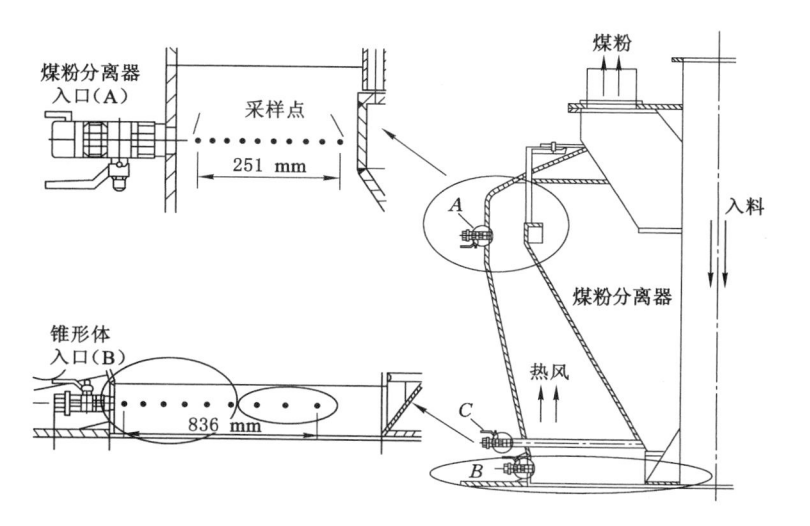

图 6-10　ZGM 型中速磨煤机煤粉分离器内采样点布置及采样方案示意图

了采集到该点物料,课题组设计和制造了一个新的采样工具(图 6-12),该采样工具由内外两根套管组合而成。外管为 2 000 mm×ϕ42 mm,且在其一端上部切掉 400 mm。内管为 2 000 mm×ϕ32 mm,在其一端上部也切掉 400 mm,但是用金属片等分为 6 部分,采样工具的实物图如图 6-13 所示。

采样时,外管套着内管并封住内管的切掉部分,从采样孔伸入到底,即碰到中速磨煤机的落煤管。然后旋转外管 180°,使内管切掉部分口朝上截取煤粉分离器返料,用秒表读取到采样时间后,再把外管旋转 180°重新封住内管,最后将

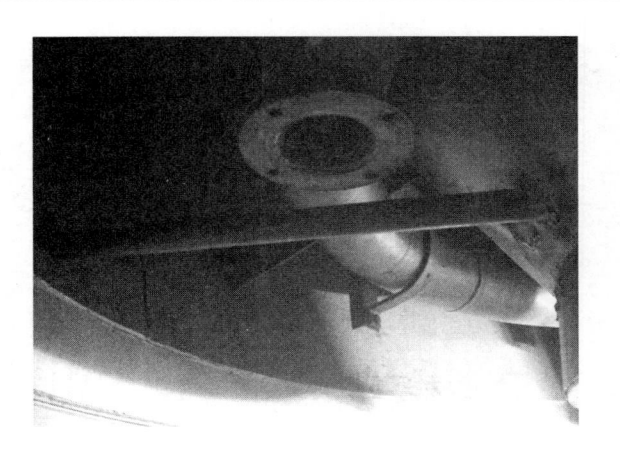

图 6-11　ZGM-95 型中速磨煤机内煤粉分离器返料的采样管

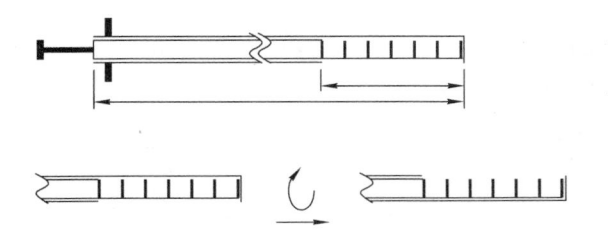

图 6-12　ZGM 型中速磨煤机煤粉分离器返料采样工具示意图

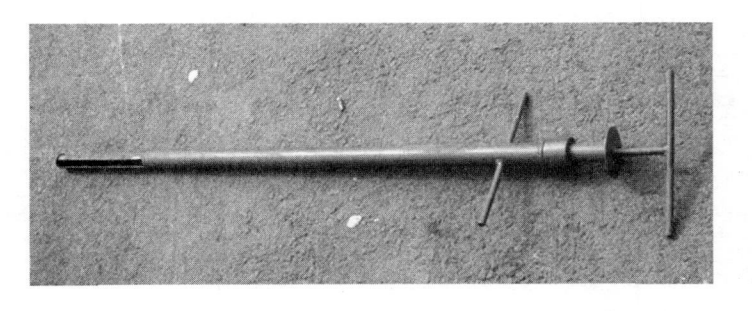

图 6-13　自制的煤粉分离器返料采集工具

内外管一起小心地拉出采样孔,完成煤粉分离器返料的取样。中速磨煤机排料的取样较为简单,在相同的时间间隔打开石子煤仓截取该物料,但是在采样时发现石子煤物料量很少,有些工况几乎没有石子煤,因此没有进行石子煤的采集。

6.3 采样及样品分析方法

6.3.1 采样试验

在开展工业型中速磨煤机采样前,率先记录两类磨机的运行数据,结果如表6-1所示。本课题所研究E型中速磨煤机型号较小,在配备6台磨机情况下,采样期间的发电量仅为江苏徐塘发电有限公司制粉系统的1/5。此外,E型中速磨煤机一次风机功率在总功率中的占比高达59.19%,而ZGM型中速磨煤机仅为27.34%,且其一次风机功率略低于小规模E型中速磨煤机。磨机结构不同是导致上述差异的原因,如图6-14所示。对比两类磨机研磨区域发现:E型中速磨煤机钢球几乎占据整个研磨环,介质间的空隙过小,而ZGM型中速磨煤机内三个磨辊之间则存在较多空间;E型中速磨煤机研磨环周边空间远小于ZGM型中速磨煤机。上述结构差异致使一次热风在E型中速磨煤机内运动阻力高于ZGM型中速磨煤机,因而一次风机功率偏大。此外,E型中速磨煤机采用一个风机对应一台磨机配置方式。虽然调节灵活但能量效率偏低,其磨机功耗占所产电能2.21%,而ZGM型中速磨煤机仅为0.78%。

表 6-1 两类磨机所属制粉系统采样阶段的运行数据

磨机类型	ZGM 型中速磨煤机	E 型中速磨煤机
采样期间产生的电能/MW	300	60
磨机个数	5	6
研磨电机功率/kW	1693	542
一次风机功率/kW	637	786
磨机总功率/kW	2330	1328
研磨电机功耗占比/%	72.66	40.81
一次风机功耗占比/%	27.34	59.19
磨机功耗占所产电能/%	0.78	2.21

在采样试验的过程中,每个工矿的采样时间将延续1.5 h左右,将每个工况的采样时间划分为3个时间相等的间隔,并尽量保持所有采样点的采样试验同时进行,以保证样品的统一性和代表性。E型和ZGM型中速磨煤机分别进行五组采样试验,各采样工况下中速磨煤机入料量和风量如图6-15所示。由于E型中速磨煤机规格较小,各采样工况的入料量和风量均远小于ZGM型中速磨

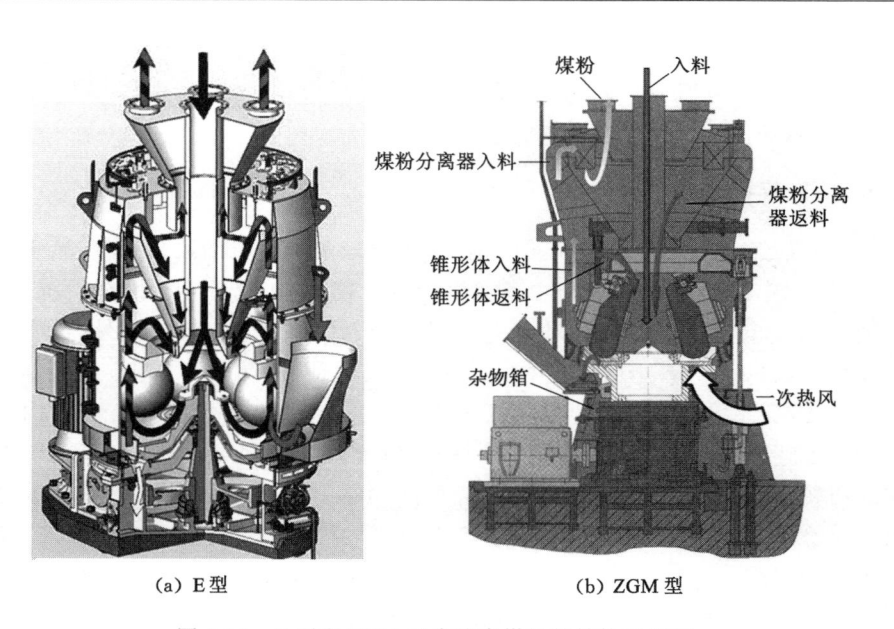

（a）E 型　　　　　　　　（b）ZGM 型

图 6-14　E 型和 ZGM 型中速磨煤机的结构对比图

煤机。但对比各工况下风煤比（图 6-16），E 型中速磨煤机均高于 ZGM 型中速磨煤机。如前所述，两类磨机结构差异致使一次热风在磨机内运动阻力不同。当输运同等质量煤粉时，E 型中速磨煤机所需风量相对较高，各工况风煤比偏高。

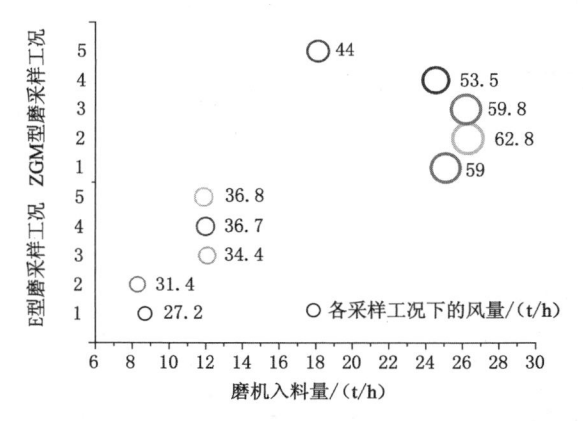

图 6-15　E 型和 ZGM 型中速磨煤机各采样工况下的入料量和风量

为进一步研究磨机运行及操作参数对其内部各节点物料性质的影响，ZGM型中速磨煤机 6 个工况除风煤比不同外，煤种、液压加载力等条件也不同。其中工况 1 的入料为煤 A，工况 2～6 的新入料为煤 B；工况 2 和工况 3 为平行工况，

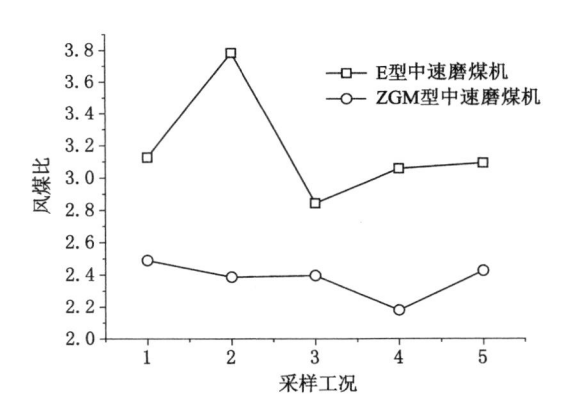

图 6-16　E 型和 ZGM 型中速磨煤机各采样工况下的风煤比

用来测试试验的采样误差;工况 4 和工况 5 除了液压加载力大小不同外,其他操作参数均相同;工况 5 的液压加载力为 11 MPa,其他各工况的液压加载力均为 13 MPa。ZGM 型中速磨煤机各采样工况时的操作参数如表 6-2 所示。

表 6-2　ZGM 型中速磨煤机各采样工况时的操作参数

工况	煤样	磨机入料速率 /(t/h)	风量 /(t/h)	液压加载力 /MPa	分离器入料速率 /(t/h)	煤粉速率 /(t/h)
1	煤 A	23.71	59	13	210	23.71
2	煤 B	26.31	62.8	13	265	26.31
3	煤 B	24.96	59.8	13	243	24.96
4	煤 B	24.55	53.5	13	180	24.55
5	煤 B	24.34	53.2	11	240	24.34
6	煤 B	18.14	44	13	150	18.14

6.3.2　样品性质分析方法

从 E 型和 ZGM 型中速磨煤机所采集的样品在实验室主要进行粒度、密度和矿物组成以及可磨性分析。在试验处理前先对物料进行晾晒除去外在水分,然后对物料进行粒度分布分析,+0.5 mm 的物料进行手筛,−0.5 mm 物料用机械振筛机筛分,−45 μm 物料用 LS100Q 激光粒度分析仪进行测定。获得各个粒度级别的物料后,对不同粒度级别物料分别进行浮沉试验,浮沉试验的密度为 1.3 g/cm^3、1.4 g/cm^3、1.5 g/cm^3、1.6 g/cm^3、1.7 g/cm^3、1.8 g/cm^3。最后对获得的各粒度与密度级别物料进行工业分析、全硫含量以及可磨性指数测定。

（1）粒度分析

中速磨煤机入料使用采样勺收集，样品的总质量较高，可满足后续粒度、密度以及工业分析等的需求。但磨机内部各节点的物料以及合格煤粉等，受到取样设备的限制，单次所采集的样品质量相对较低，这是由中速磨煤机工业采样标准和煤炭性质分析标准间的差异导致的。为提高采样量，确保样品性质分析的准确性，每个工况均进行三个子样的采集。为了考察在取样期间工况是否稳定，主要通过以下两种方法进行检验：① 通过查看操作趋势线，如果趋势线保持稳定波动，则说明工况稳定；② 对各采样点的 3 个子样物料分别进行试筛分，若得到的粒度分布偏差满足 CoV（Coefficient of Variation）要求，则说明各子样物料可以合并，且工况稳定。为更加精确地获取采样物料的粒度组成信息，筛分试验所使用的套筛按照澳大利亚标准，即相邻套筛的筛孔孔径比为 $\sqrt{2}$，各筛分工序所用的筛孔尺寸大小如表 6-3 所示。

表 6-3　筛分的筛孔尺寸大小

筛分方法	筛分粒径/mm
手筛	63、45、22.4、16、11.2、8、5.6、4、2.8、2、1.4、1、0.71、0.5
机械振动筛	0.355、0.25、0.2、0.18、0.125、0.09、0.075、0.063、0.045

（2）密度分析

浮沉试验按照《煤炭浮沉试验方法》（GB/T 478—2008）严格执行。所有采集的样品经过筛分分析后，均进行浮沉试验。试验过程中针对大浮沉和小浮沉使用了不同的密度液，如表 6-4 所示。

表 6-4　浮沉试验的密度液密度大小

浮沉试验	密度液密度/（g/cm³）
大浮沉（+0.5 mm）	1.3、1.4、1.5、1.6、1.7、1.8
小浮沉（−0.5 mm）	1.3、1.4、1.5、1.6、1.8

（3）工业分析

试验过程中严格按照《煤的工业分析方法》（GB/T 212—2008）执行，物料的工业分析包括水分、灰分、挥发分以及固定碳的测定，其中固定碳含量利用水分、灰分与挥发分根据式(6.1)计算而来。

$$FC_{ad} = 100 - (M_{ad} + A_{ad} + V_{ad}) \qquad (6.1)$$

式中　FC_{ad}——空气干燥基固定碳，%；

M_{ad}——空气干燥煤样的水分,%;

A_{ad}——空气干燥煤样的灰分,%;

V_{ad}——空气干燥煤样的挥发分,%。

（4）全硫含量测定

物料的全硫含量测定按照《煤中全硫的测定方法》（GB/T 214—2007）执行。按照高温燃烧库仑法进行煤样的全硫分含量的测定。其基本原理为:煤样在1 150 ℃高温和催化剂作用下在空气流中燃烧分解,煤中各种形态硫均被氧化分解为二氧化硫和少量三氧化硫,生成的二氧化硫和少量三氧化硫被空气流带到装有碘化钾和溴化钾溶液的电解池内,并与水化合生产亚硫酸和少量的硫酸。在硫氧化物进入电解池之前,电解池的指示电极上存在着动态平衡,但随着二氧化硫的溶入,二氧化硫与溶液中的碘发生化学反应,会打破电极上的动态平衡,引起电解电流增加,从而使碘不断被析出直至溶液中不再溶入二氧化硫。因此,根据碘电解时所消耗的电量,再根据法拉第电解定律即可算出煤中的全硫含量。

（5）可磨性指数的测定

可磨性指数的测定按照《煤的可磨性指数测定方法 哈德格罗夫法》（GB/T 2565—2014）执行。该方法是依据 1939 年哈德格罗夫设计的哈氏可磨性指数试验制定的。试验采用的样品为经过空气干燥的煤样,其质量为 50 g,粒度为 $-1.25+0.63$ mm。煤样在一个固定的研磨碗内进行研磨,研磨碗中内置有 8 个可沿圆形轨道运转的钢球。钢球在一个以（20±1）r/min 的转速旋转的顶环作用下运转。顶环由与研磨碗同样的材质制成,并被连接到主轴由电机通过减速器进行驱动。主轴上放置了 4 个金属盘,金属盘、顶环、齿轮和主轴的总质量为（29±0.2）kg,即向钢球施加了（284±2）N 的压力。哈氏磨机具有自动计数装置,能够在运转（60±0.25）转后自动停止研磨。通过筛分与称量可以得到研磨产品中小于 74 μm 部分的质量,将其与校正图进行对比,即可以得到 HGI。校正图反映了由标准煤样的 HGI 值与其研磨产品中小于 74 μm 物料质量的线性关系。在实际应用中,常利用可磨性指数的经验公式来计算煤样的可磨性指数,该经验公式为:

$$HGI = 13 + 6.93 \times m_s \tag{6.2}$$

式中　　HGI——煤样的可磨性指数;

　　　　m_s——研磨后的筛下物质量,g。

6.4　样品性质及采样数据的初步分析

6.4.1　工业分析

分别对 E 型中速磨煤机的入料原煤（E 型原煤）和 ZGM 型中速磨煤机的入

料原煤 A 和 B 进行工业分析,结果如表 6-5 所示。

表 6-5　E 型和 ZGM 型中速磨煤机入料工业分析结果

项目	水分/%	灰分/%	挥发分/%	固定碳/%	HGI	硫分/%
E 型原煤	2.68	4.29	16.74	76.29	45	0.15
A 煤	2.32	51.46	15.74	30.48	92	1.74
B 煤	1.67	35.06	14.74	48.53	80	1.93

　　E 型中速磨煤机所用原煤具有灰分和硫分较低、固定碳含量高的特点;ZGM 型中速磨煤机的两种入料原煤的灰分和硫分均较高;三种煤样的挥发分含量相近。A 和 B 原煤中伴生的矿物质能够在煤炭破碎过程中发挥"研磨介质"作用而促进颗粒破碎,故将提高其可磨性指数;E 型原煤由于灰分偏低,原煤中有机质较难破碎,导致 HGI 较低。

6.4.2　粒度组成分析

　　对 E 型和 ZGM 型中速磨煤机各节点物料进行筛分试验,以获取粒度组成。ZGM 型中速磨煤机采样点相对较多,且包含磨机内物料流,因此本节选取 ZGM 型中速磨煤机工况 1 为代表进行分析。该工况各采样点物料的筛下累积曲线如图 6-17 所示。

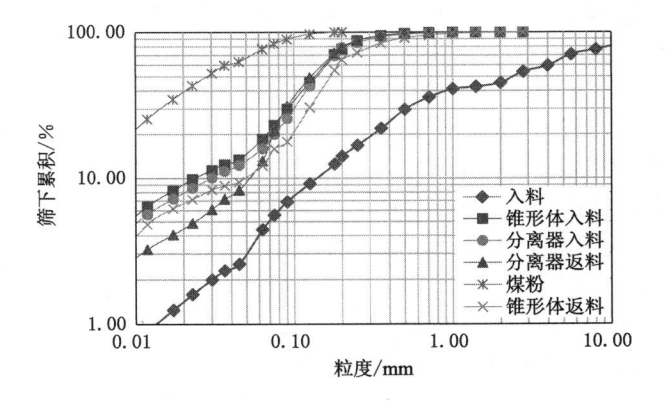

图 6-17　ZGM 型中速磨煤机工况 1 条件下各节点物料粒度组成

　　由图可知,磨机不同取样点物料的粒度分布不相同。在锥形体入料处物料的粒度较煤粉分离器入料粗,但是细于锥形体返料,说明在中速磨煤机内伴随着物料的向上运动存在着连续的分级现象;在内部的煤粉分离器中物料具有相同的趋势,即煤粉分离器入料较返料细,但是远远粗于煤粉产品。磨机内物料经过研磨后,除了煤粉产品外物料的最大颗粒为 2.8 mm,且含量较多,而煤粉产品中+250 μm 物料含量仅占 0.02%,表明磨机内部存在着大量的粗颗粒物料的循环研磨。一旦磨盘上的煤炭颗粒被研磨至小于 250 μm,则颗粒就有机会被吹进煤粉分离器。另外煤粉分离器入料中含有大量的粗颗粒,−90 μm 的煤粒只占到 26.4%左右。而煤粉分离器返料中该粒级颗粒的比重为 30.1%,比入料高 4%。因此可以推断,煤粉分离器对−90 μm 颗粒的分离效果非常有限,其分离性能较差,有待改善。合格煤粉的粒径分布−90 μm 粒级约占 90%,该煤粉的细度是符合行业标准的,值得注意的是,−45 μm 粒级约占 63.1%。另外,煤粉中+125 μm 粒级约占 3.58%。

煤粉分离器入料以粗粒级颗粒为主,而煤粉分离器为了保证输运的煤粉达到合格的细度要求,其分离粒径必须远远小于 90 μm。所以煤粉分离器入料中所有的+125 μm 颗粒、绝大部分的−125+90 μm 颗粒以及大部分的−90+45 μm 颗粒会返回到磨盘上再研磨。除了粗颗粒的影响外,返料中含有较多比例的−90 μm 颗粒,说明煤粉分离器对细粒级物料的分离性能较差。两个方面的综合作用使得煤粉分离器入料中的绝大部分物料成为煤粉分离器返料,即循环倍率较高。

6.4.3 密度组成分析

ZGM 型中速磨煤机的入料 A 和 B 煤及其相应的煤粉密度与粒度的关系如图 6-18 所示。由图可知:煤 A 在各个粒度级别的平均密度均大于煤 B,由该两煤种研磨产生的合格煤粉也具有相同特征。两种煤的平均粒度在−0.5 mm 级别时发生了跳跃式变化,其原因是由煤种的特性决定的。在电厂燃煤管理中,尽管燃用低灰分、高发热量的煤种更加易于锅炉的燃烧,并可提高锅炉的燃烧效率,但是由于我国电力需求旺盛,煤炭市场供应紧张,高质量煤炭供不应求,因此电厂购买了选煤厂分选加工后的中煤以及煤泥,经配煤送入锅炉燃烧,导致了煤质质量的降低,也使得各粒度级别物料的平均密度在−0.5 mm 时发生了跳跃式突变。而煤 A 的平均密度高于煤 B 的原因在于,掺入到煤 A 中的中煤质量比煤 B 的质量差,具有高灰特性。同时,还可发现,当颗粒粒度为−0.5 mm 时,物料的平均密度随着颗粒粒度的减小而增大,而当颗粒粒度为+0.5 mm 时,物料的平均密度随着颗粒粒度的增加而增大。

为研究不同密度颗粒在煤粉分离器内的分离规律,对筛分后各窄粒级的煤粉分离器入料、返料和合格煤粉进行浮沉试验,各组物料的密度组成如图 6-18 所示。

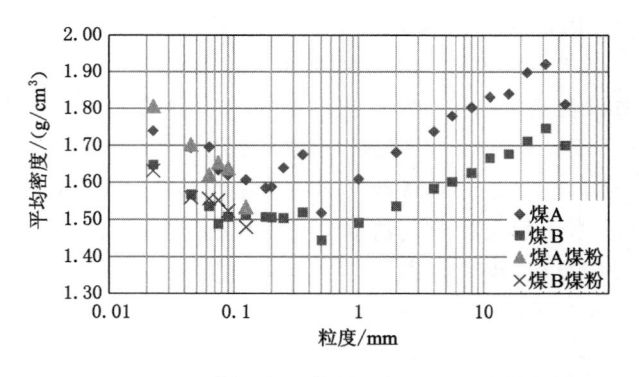

图 6-18　A 和 B 煤入料和煤粉的粒度与平均密度关系

在煤粉分离器入料[图 6-19(a)]和返料[图 6-19(b)]中,主导密度级为+1.8 g/cm³,主导粒级为 −200+125 μm。其中,最多的组分为在+1.8 g/cm³ 密度级里的−200+125 μm 粒级,产率分别为 13.18% 和 21.31%。但是在煤粉中[图 6-19(c)],主导密度级和粒度级分别为 1.3~1.4 g/cm³ 和 −45 μm。最多的组分为在 1.3~1.4 g/cm³ 密度级里的−45 μm 粒级,产率超过 20%。同一密度级的物料,各粒级产率随着粒度的减小而增加。另外,对于同一粒度级的颗粒,处于高密度级+1.8 g/cm³ 和低密度级−1.4 g/cm³ 的物料的含量远远高于 1.4~1.8 g/cm³ 密度级,由此推断煤粉中的颗粒均处于完全解离状态。

在煤粉分离器返料中,大部分的−90 μm 粒级颗粒分布在+1.8 g/cm³ 密度级。对于−90 μm 颗粒,高密度的物料需要经历更多次的研磨,粒度变得更细才能经煤粉分离器分离,进入锅炉燃烧。

6.4.4　可磨性分析

在前述筛分和浮沉试验基础上,对各窄粒级和密度样品进行可磨性指数测定,并讨论样品可磨性和研磨能耗与其密度和粒度的关系,本节选取煤 B 为代表进行分析。

从图 6-20 中可知,不同粒度煤样的 HGI 与密度的关系具有一定规律性,即随着密度的增加,HGI 逐渐减小;相比于−1.25+0.63 mm、−5.6+4 mm、−4−2.8 mm 和−2.8+2 mm 粒级的 HGI 相对较小。分析其原因在于随着物料粒度的减小其解离度增大,伴生黄铁矿等矿物质含量增加,而随着密度的增加,黄铁矿等矿物质也将增多;此部分矿物质的可磨性相对单质煤较差,在研磨中更多地起到研磨介质的作用,对于低粒度物料的贡献较小,因此可磨性随着密度的增加而变小。

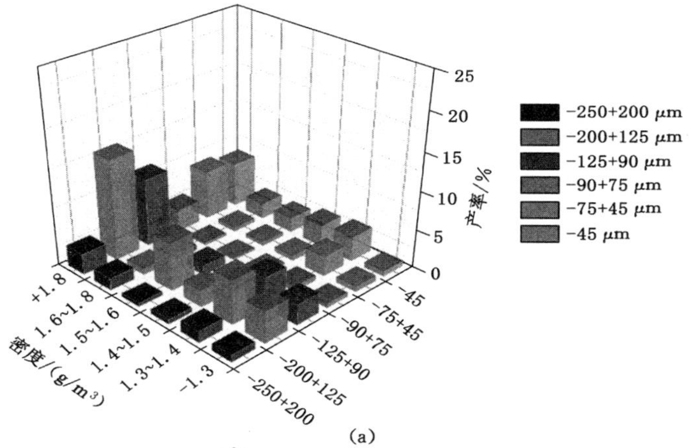

(a)

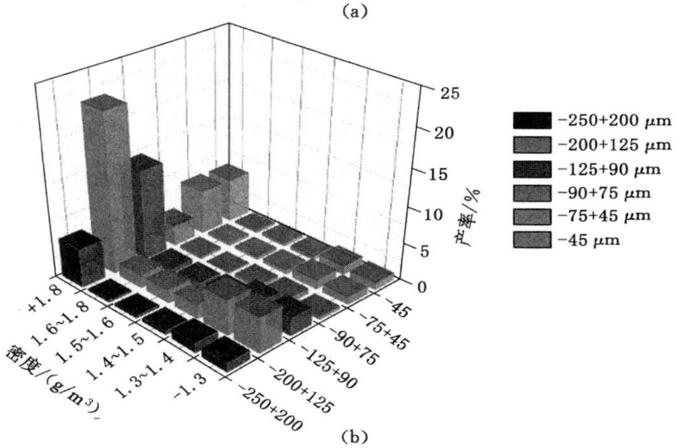

(b)

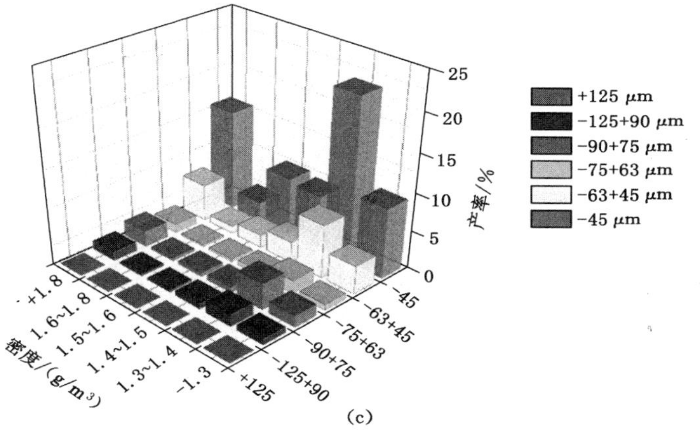

(c)

图 6-19 各窄粒级的煤粉分离器入料、返料和煤粉密度分布

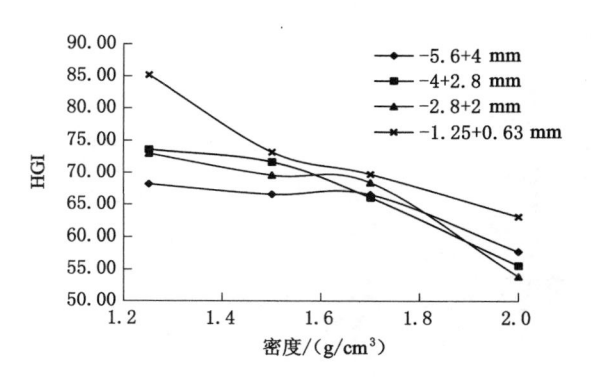

图 6-20　各窄粒级物料的哈氏可磨性指数与密度的关系

　　图 6-21 表明:研磨能耗随密度的增加呈现先减小后增加的现象,在 1.4~1.6 g/cm³ 的密度范围内能耗最小。分析原因在于不同的密度范围内试验原煤具有不同的煤质特性:高低密度的原煤具有相对较纯的组成,机械性能较为接近,因此在研磨过程中的破碎多为表面破碎,故能耗较高;而中间密度阶段则不同,较硬的黄铁矿等矿物质会对相对软质的单质煤起到助磨作用,从而降低研磨过程中能量消耗。图 6-22 表明随着 HGI 的增加,能耗先是呈现缓慢增加,在 HGI 为 68.23 的情况下达到最大,之后急剧下降,在 HGI 为 75.21 时最小。与传统观点"HGI 越大,其可磨性越好,能耗越小"略有出入。分析原因在于 HGI 的基本依据是研磨煤粉所消耗的功与表面积成正比,即能耗依据面积假说。但测定标准是以 0.074 mm 为界划分的,且 -0.074 mm 的含量在 5%~8% 之间,此部分能耗假如依据面积假说计算则将大大小于实际值。因此 HGI 与研磨能耗不呈严格的线性关系。

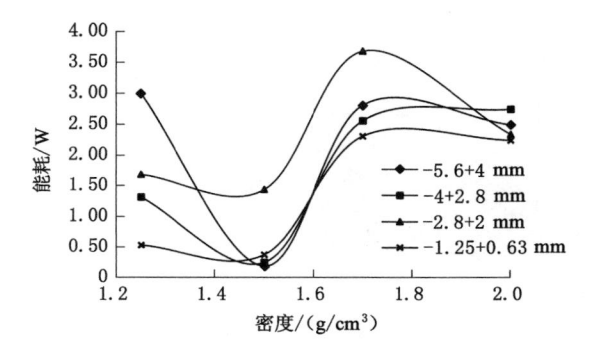

图 6-21　各窄粒度物料的研磨能耗同密度的关系

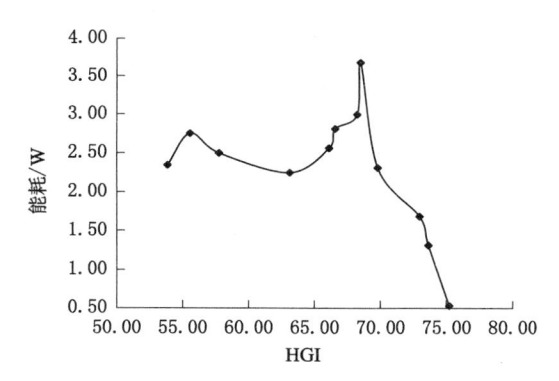

图 6-22 物料的研磨能耗同哈氏可磨性指数的关系

6.4.5 各节点物料流的质量平衡计算

（1）煤粉分离器内质量平衡计算

为研究磨煤机内各取样点物料的分布特性，需要计算出各取样点物料的质量。但是由于中速磨煤机内部的几何结构非常复杂，我们不能使用计算煤粉质量相同的办法进行计算。为了计算出中速磨煤机内部物料流的运动特性以及磨机的循环负荷，本节根据质量平衡定律，采用最小二乘法原理，利用各个粒度级别的煤粉分离器入料质量平方减去煤粉产品与煤粉分离器返料质量之和平方，得到各粒度级别物料偏差的方差，最后对各个粒度级别的方差进行累计求和，当累计和最接近于零时表示质量平衡，从而求出煤粉分离器内物料的循环倍率以及煤粉分离器的入料质量，风量与煤粉分离器入料质量以及循环倍率的关系如图 6-23 所示。从图中可以看出，煤粉分离器入料质量和循环倍率均随风量的增大而增大。这是因为风量增大后，一部分经过研磨后的粗颗粒也将向上运动进入煤粉分离器，而在采样工况条件下，合格煤粉的产量相对稳定，从而使得循环倍率值也变大。其中工况 5 与工况 4 相比，由于工况 5 液压加载力较小，研磨过后粗颗粒含量较多，使得煤粉分离器的入料质量与循环倍率值均大于工况 4。

根据煤粉分离器入料、出口的煤粉质量及物料的粒度分布，通过对煤粉产品的误差控制，利用分离系数函数［式（6.3）］表征煤粉分离器内物料分布特性。在求解的过程中，分离系数函数模型中的形状系数 α 固定为 1.9，参数 C 以及 d_{50c} 作为函数变量参数。

$$y_i = C\left[\frac{\exp(\alpha) - 1}{\exp(\alpha x_i) + \exp(\alpha) - 2}\right] = \frac{PF_m \times N_i}{Sep_m \times M_i} \qquad (6.3)$$

式中　y_i——颗粒分离系数；

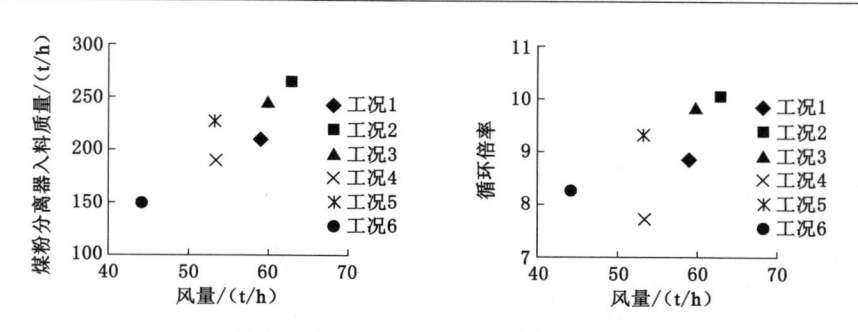

图 6-23　煤粉分离器入料质量和循环倍率随风量的变化

C——煤粉分离器入料的分离比例,%;

α——形状系数;

x_i——相应的颗粒粒度与 d_{50c} 的比值,$x_i = d_i/d_{50c}$;

d_{50c}——当粒度累积产率为 50% 时的颗粒粒度大小,mm;

PF_m——煤粉产品流量,t/h;

N_i——煤粉产品的相应粒级物料含量,%;

Sep_m——煤粉分离器入料流量,t/h;

M_i——煤粉分离器入料的相应粒级物料含量,%。

根据式(6.3)以及前面对煤粉分离器内物料进行的粒度分析,在 Matlab 软件的辅助下,拟合出各工况 M_i 与 N_i 的比值与粒度的关系,从而求出 C 以及 d_{50c}。M_i 与 N_i 比值的计算数据与拟合数据见图 6-24,C 以及 d_{50c} 与风量的关系如图 6-25 所示。

从图 6-25(a)中可以看出,煤粉分离器入料的分离比例 C 随着风量的增加而增大(工况 1 与工况 6 除外)。这是因为随着风量的增大,进入到煤粉分离器的物料经过折向门挡板后形成离心力场,颗粒在旋转分离的过程中,大颗粒物料更易于成为返料返回磨盘,而一部分细颗粒也将在离心力作用下进行分离,从而提高了煤粉分离器的分离比例。工况 1 尽管风量较大,但是该工况条件煤粉分离器入料的分离比例最低,说明煤种特性对分离比例起着重要作用;工况 6 尽管风量较小,但其分离比例较高,这说明给煤量的大小对煤粉分离器入料的分离比例也起着不可忽略的作用,煤量较小时可能更有利于提高分离比例。图 6-25(b)表明,颗粒粒度 d_{50c} 在不同风量的工况条件下尽管有所波动,但该值变化范围较小,基本稳定,说明煤粉分离器的分离状态较为稳定。

(2)锥形体区域的质量平衡计算

该区域的计算与煤粉分离器的计算相比变得更加复杂,在这一密封的分离区域内,通过前面的数据分析可以得到煤粉分离器入料和锥形体入料的粒度分

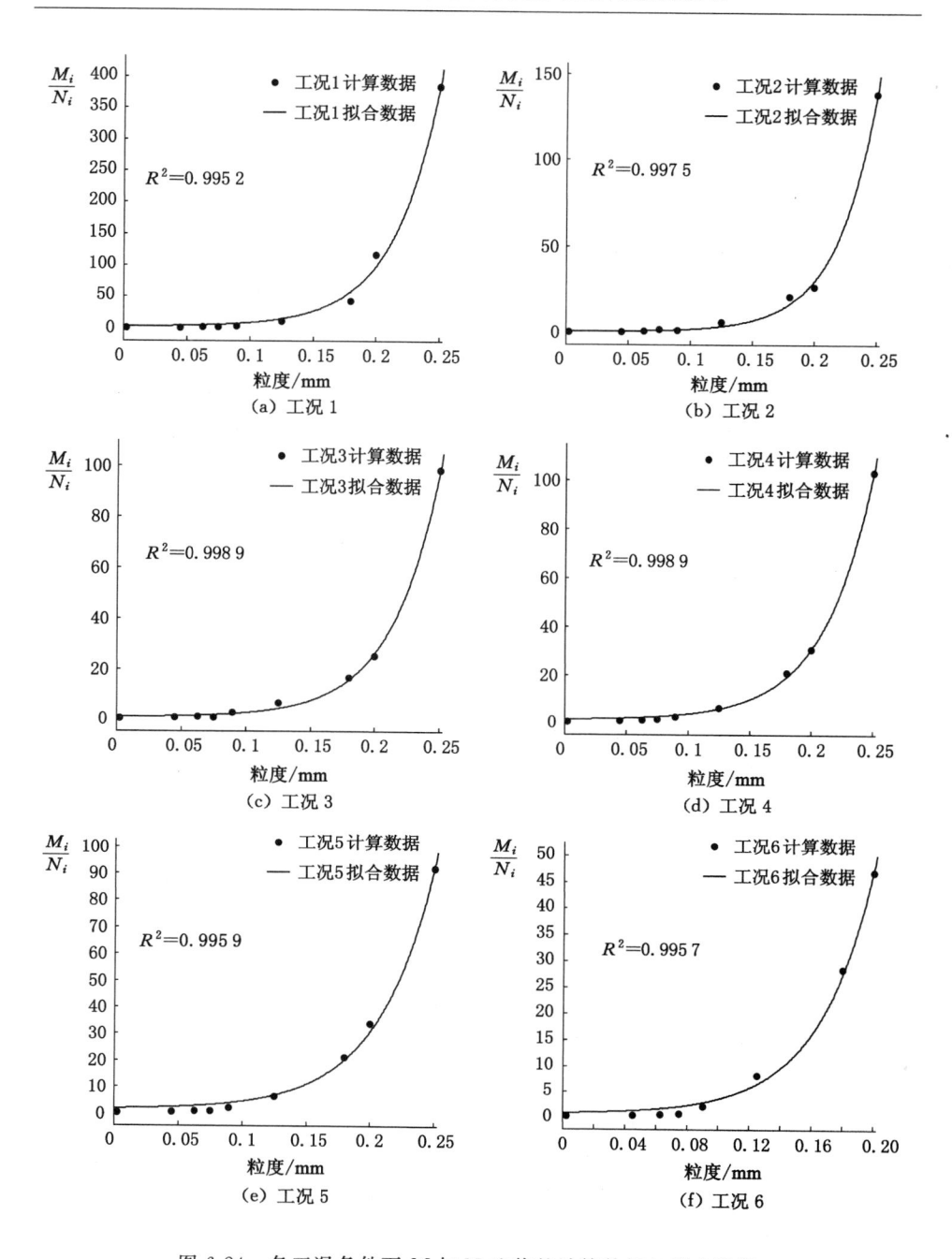

图 6-24 各工况条件下 M_i 与 N_i 比值的计算数据与拟合数据

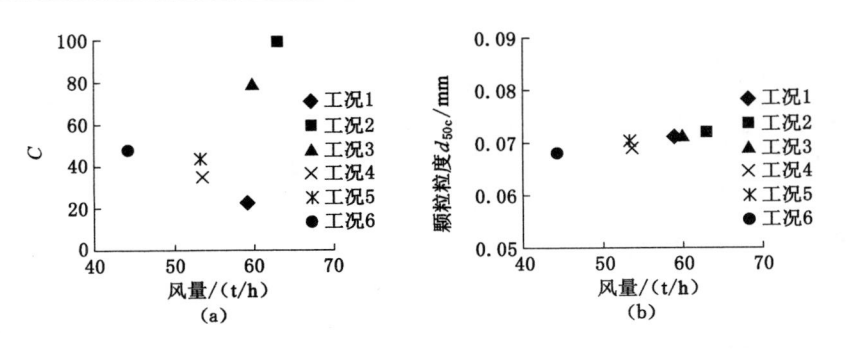

图 6-25 C 和 d_{50c} 与风量的关系

布,以及煤粉分离器入料的质量。对于锥形体返料特性的了解,由于现场采样过程中的失误,数据相对较少。但是,分析该分离区域时,可以假设颗粒粒度足够小,进入锥形体空间的物料均能向上运动成为煤粉分离器入料,没有粗颗粒返回,即意味着该物料在分离区域的分离系数为1。为此,我们以煤粉分离器入料特性为基础,利用 Rosin-Rammler 分离效率公式[见式(6.4)]进行分析,当颗粒粒度为零时分离效率为1,从而求得 $A=1$,其中 A 表示细粒中分配系数的倒数。利用该公式,我们可以计算出锥形体入料、返料的质量,其中形状系数 α 与式(6.3)不同,不再是定值,而是一变量。

$$y_i = A \times \exp(-0.639\,1 \times x_i^\alpha) = (Sep_m \times M_i)/(Tap_m \times H_i) \qquad (6.4)$$

式中　A——细粒中分配系数的倒数,$(1-\beta)^{-1}$;

　　　Tap_m——锥形体入料流量,t/h;

　　　H_i——锥形体入料的相应粒级物料含量,%;

其他参数意义上与前面公式相同。

根据式(6.4)以及锥形体周围样品的粒度分布曲线,利用 Matlab 拟合出各工况 H_i 与 M_i 的比值与粒度关系(图 6-26),从而求出锥形体入料流量、形状系数 α 以及 d_{50c} 与风量的关系,如表 6-6 所示。

从表 6-6 中可以看出,在液压加载力相同的前提下(工况 1~4 和 6),锥形体入料流量随着风量增加而增大;工况 5 的液压加载力较小,研磨后颗粒粒度较大,导致煤粉分离器循环倍率的增大,进入锥形体内物料量也较多。颗粒的形状系数则随着风量的增大而减小,但工况 5 的形状系数较工况 4 要大,这可能是随着锥形体区域物料的增加,物料靠自重进行分离时的分离效率较低而造成的。此外,锥形体内风量与颗粒粒度 d_{50c} 的关系与其在煤粉分离器内时相比具有明显差异,在锥形体中呈现出一定的线性,随着风量的增加,较多的粗颗粒随风向上运动,导致 d_{50c} 变大。

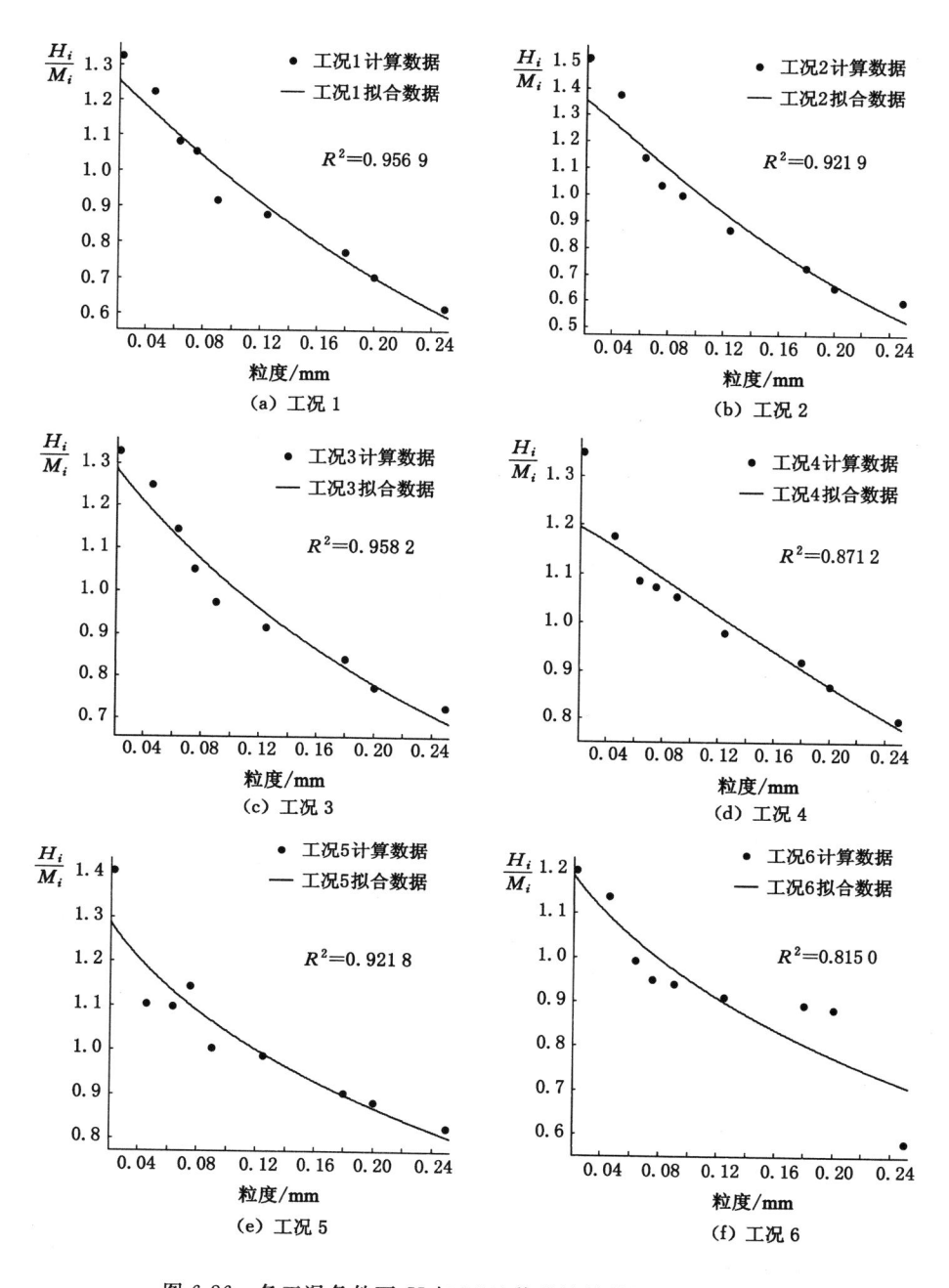

图 6-26　各工况条件下 H_i 与 M_i 比值的计算数据与拟合数据

表 6-6　锥形体入料流量、形状系数 α 和颗粒粒度 d_{50c} 与风量的关系

工况	风量/(t/h)	锥形体入料流量/(t/h)	形状系数 α	颗粒粒度 d_{50c}/mm
1	59	279.6	0.215	1.079
2	62.8	377.4	0.187	1.154
3	59.8	343.2	0.251	0.869
4	53.5	221.3	0.264	0.624
5	53.2	320.9	0.322	1.182
6	44	211.6	0.289	0.687

6.4.6　煤粉分离器分级特性初步分析

在中速磨煤机内各节点物料流的质量平衡基础上,可获取煤粉分离器的循环倍率以及磨机各节点的物流流量。各工况时煤粉分离器循环倍率(煤粉分离器的入料和煤粉质量流量之比)如表 6-7 所示,结果表明煤粉分离器循环倍率介于 7～10,如此高的循环倍率与煤粉分离器较低的分离效率有直接的关系。比较工况 2、3、4 和 6 可以看出,当磨辊液压加载力控制在 13 MPa 时,煤粉分离器入料的质量流量随着风量增加而变大;风量从 44 t/h 增加到 62.8 t/h 时,循环倍率先降低后升高。说明风量对煤粉分离器循环倍率有直接的影响,并且将风量控制在合适的范围时,可以获得相对较低的循环倍率。图 6-27 为工况 4 时中速磨煤机各节点物料流量。此图表明中速磨煤机磨盘待磨物料由锥形体和煤粉分离器返料以及新鲜入料组成,其中煤粉分离器返料占比最高;当磨机出力为 24.6 t/h 时,实际待磨物料质量流量高达 221.3 t/h。因此,提高煤粉分离器分级效率,减少煤粉返回和循环倍率,是提高中速磨煤机运行效率的重要手段。

表 6-7　各工况时煤粉分离器的循环倍率

工况	1	2	3	4	5	6
循环倍率	8.86	10.07	9.74	7.33	9.86	8.27

6 个工况的煤粉分离器入料的粒度分布如图 6-28 所示。当风量分别为 59 t/h、53.2 t/h 和 44 t/h 时,分离器入料中 −90 μm 粒级产率约为 27%、33% 和 42%。较其他工况而言,工况 2 风量最大,故其入料细度最大;反之,工况 6 风量最小,其入料细度最小。尽管煤种不同,但工况 1 和 3 的入料粒度曲线几乎重合;而工况 4 和 5 的入料粒度曲线并未因液压加载力的不同而不同。因此煤粉分离器入料粒度主要与风量有关,煤种和液压加载力对其几乎没有影响。

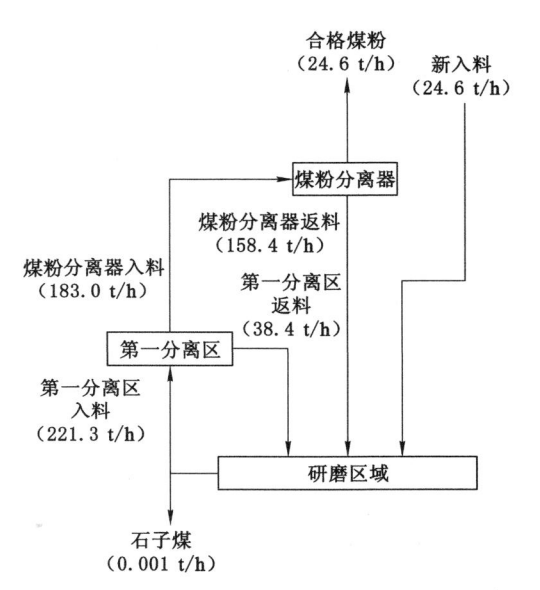

图 6-27　工况 4 时中速磨煤机内各节点物料流量

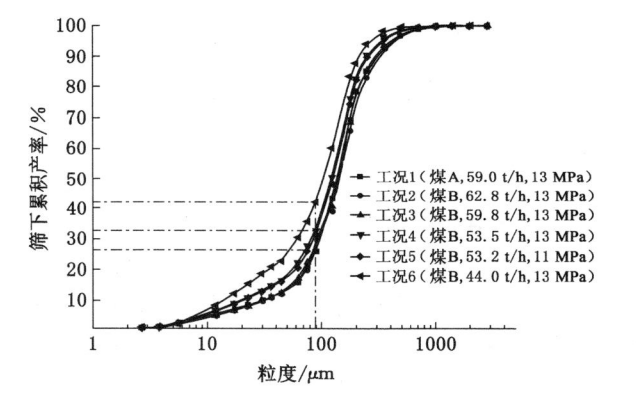

图 6-28　各工况下煤粉分离器入料的粒度分布

煤粉分离器分离效率的计算可由下式表示：

$$E_{\text{o}}(d) = 100 \times \frac{W_{\text{o}}(d) \times M_{\text{o}}}{W_{\text{f}}(d) \times M_{\text{f}}} \qquad (6.5)$$

式中，$W_{\text{o}}(d)$ 和 $W_{\text{f}}(d)$ 分别为溢流煤粉和入料中，粒度为 d 的物料的质量分数；M_{o} 和 M_{f} 分别为溢流煤粉和入料的质量流量。

本书以实际分离曲线来表示入料流中各个粒级的物料被分离至溢流煤粉流

的比值。6 个工况的实际分离效率曲线如图 6-29 所示。分离效率曲线均呈扭曲的反"S"形,分离效率先随着粒度的减小而增大,至某一极大值后逐渐减小,呈现明显的鱼钩效应。另外,在实际分离时,分离效率的最大值不可能达到 100%,分离效率的最大值与 100% 的差值被命名为绕流参数。绕流参数即为未被分离直接进入返料的细颗粒部分。6 个工况中的绕流参数也存在较大的差异。各工况 +70 μm 物料的分离效率接近,而 -70 μm 物料的分离效率明显不同,且差异随粒度的减小而逐渐增加。

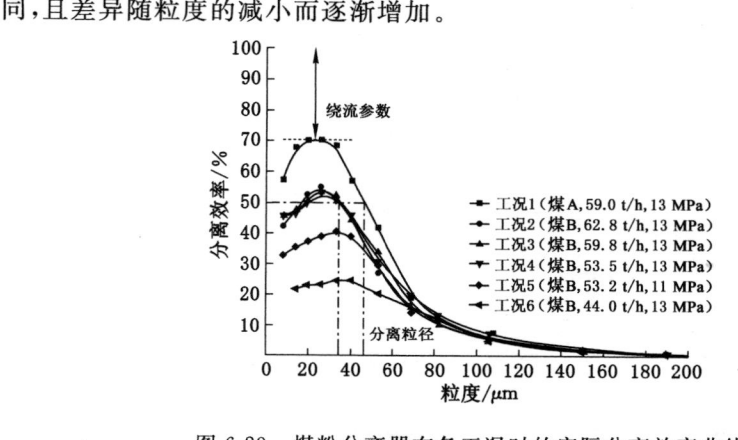

图 6-29　煤粉分离器在各工况时的实际分离效率曲线

　　煤 A 和煤 B 对应的分离效率如工况 1 和工况 3 所示。煤 A 的 -55 μm 粒级物料的分离效率远远高于煤 B。两工况的煤粉分离器入料粒度分布相近,工况 1 入料速率比工况 3 低 33 t/h。因此,两工况显著的分离效率差异主要归因于煤种可磨性的差异所导致的分离器入料速率不同。

　　工况 2、3、4 和 6 考察风量对分离效率的影响。当风量从 62.8 t/h 降低到 53.5 t/h 时,各粒度分离效率变化不大;但随着风量降低到 44 t/h,各粒度分离效率均逐渐降低。工况 6 风量比工况 2 小 18.8 t/h,使其入料速率降至 150 t/h,各粒级分离效率仅为工况 2 的一半。为保证煤粉分离器的分离效果,风量需提供足够大的离心力促使不同粒度颗粒有效分离。4 组工况的对比说明风量对煤粉分离器的分离效率有强烈的影响。

　　工况 4 和 5 考察液压加载力对分离效率的影响。工况 4 和 5 入料的粒度组成非常接近(图 6-28),但工况 4 中 -55 μm 各粒度的分离效率明显高于工况 5 相应粒级。工况 4 的液压加载力大,研磨产物和煤粉分离器入料粒度细。经煤粉分离器分级后循环返料少,因而料层较粗,细粒级返料对新鲜入料破碎的延缓作用弱,颗粒破碎速率和细颗粒生成速率快。经过数次的循环分离和研磨后,在工况 4 条件下达到煤粉分离器入料少(较工况 5 减少 33.3%)、循环倍率低(较工况 5 降低 25％)的稳定状态。煤种和液压加载力均通过影响煤粉分离器的入料速率对煤粉分离器的分离效率产生间接的影响。

下面着重分析分离效率最高的工况 1。粒度为 $-30+20~\mu m$ 的颗粒的分离效率达到最大值,为 70％左右,但是 90 μm 颗粒的分离效率刚超过 10％。另一个非常重要的评价煤粉分离器性能的指标就是分离粒径,工况 1 的分离粒径仅为 43 μm。为了保证煤粉的细度达到燃烧标准,而且煤粉分离器入料的细度较粗,只能通过减小分离粒径来实现。$-90+43~\mu m$ 细粒级的分离效率较低、分离粒径较小,导致了煤粉分离器的循环倍率较大。从分析结果可以推断,综合调节风量和液压加载力,可能会是一种较为有效的增大分离效率和分离粒径的途径,最终实现改善煤粉分离器性能的目标,但是仍需要进一步的验证。

工业型磨煤机的煤粉分离器内,煤粒分离过程中还存在密度离析现象,本节对比了工况 1、工况 4 和工况 5 中,入料和煤粉相同粒级的灰分,结果如图 6-30、图 6-31 和图 6-32 所示。从三个图中可以看出,在粒级相同的情况下,煤粉的灰分远低于入料的灰分,工况 4 的变化(图 6-31)是最明显的,故以此为例进行分析。在煤粉分离器入料中,$-125+90~\mu m$ 和 $-90+75~\mu m$ 粒级的灰分最高,约为 51％,$-200+125~\mu m$ 和 $-75+45~\mu m$ 粒级的灰分比较接近,约为 47％,比 $-45~\mu m$ 粒级的灰分高出 13％。而经过煤粉分离器的分离作用后,各粒级煤粒的降灰效果明显。其中灰分降幅最大的为 $-200+125~\mu m$ 粒级,灰分为 21.64％,降低了 25.36％。$-125+90~\mu m$ 和 $-75+45~\mu m$ 粒级的灰分降低了约 23％,为 28％左右,而 $-45~\mu m$ 粒级的灰分为 21.72％,仅降低了 12.28％。工况 1 和工况 5 中,$+45~\mu m$ 各粒级煤粉的灰分均有不同程度的降低,而 $-45~\mu m$ 粒级的灰分几乎没有什么变化。

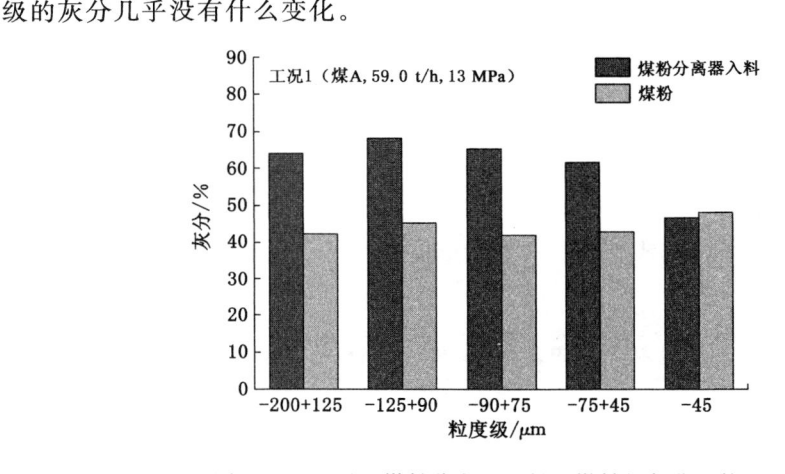

图 6-30 工况 1 煤粉分离器入料和煤粉的灰分比较

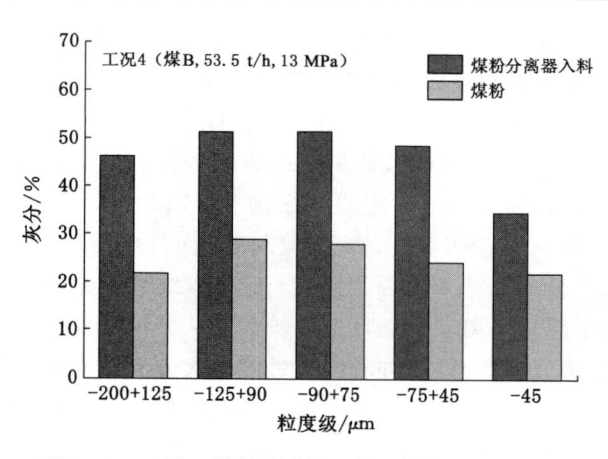

图 6-31　工况 4 煤粉分离器入料和煤粉的灰分比较

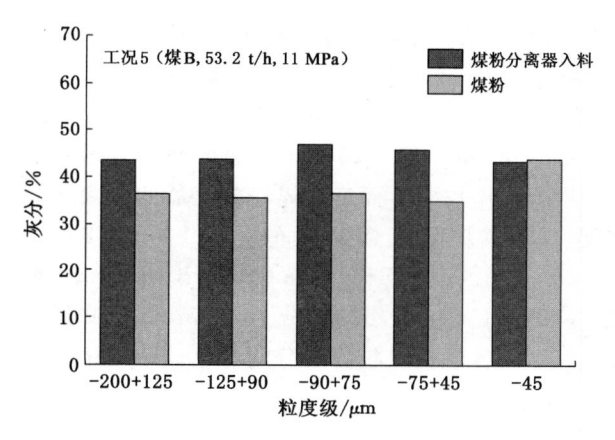

图 6-32　工况 5 煤粉分离器入料和煤粉的灰分比较

6.4.7　基于工业采样试验的两类磨机运行效率分析

为便于对比两类磨机的运行和能量效率,本节将 E 型中速磨煤机工况 2 和 ZGM 型中速磨煤机工况 1 和 3 选作代表性工况进行对比分析,各工况运行数据如表 6-8 所示。

表 6-8　E 型和 ZGM 型中速磨煤机各工况的煤样性质及运行参数

磨机类型	E 型中速磨煤机	ZGM 中速磨煤机	
工况	2	1	3
煤样可磨性指数	45	92	80

表 6-8(续)

磨机类型	E 型中速磨煤机	ZGM 中速磨煤机	
灰分/%	4	51	35
磨机入料速率/(t/h)	8.3	23.71	24.96
入料 $F_{80}/\mu m$	8.9	9.7	10.8
煤粉小于 75 μm 含量/%	56.3	84.6	81.5
煤粉 $P_{80}/\mu m$	118.3	72.9	74.2
风量/(t/h)	31.4	59	59.8
研磨电机功率/kW	90	344	339
单位研磨能耗/(kW·h/t)	10.84	14.51	13.58
一次风机功率/kW	131	127	127
总的单位能耗/(kW·h/t)	26.63	19.87	18.67

对比表明,由于中速磨煤机规格不同,两者入料量、风量以及研磨电机功率均不同。除此之外,ZGM 型中速磨煤机煤粉细度要远高于 E 型中速磨煤机研磨产品。E 型中速磨煤机煤粉 P_{80} 高达 118.3 μm,远超锅炉燃烧对合格煤粉细度要求(煤粉中小于 90 μm 的产率不低于 85%);而 ZGM 型中速磨煤机两工况 P_{80} 分别仅为 72.9 μm 和 74.2 μm。虽然 ZGM 型中速磨煤机单位研磨能耗较 E 型中速磨煤机高近 25%,但煤粉中−75 μm 含量较 E 型中速磨煤机高 50%,粗略表明 ZGM 型中速磨煤机研磨环节的能量效率要优于 E 型中速磨煤机。此外,由于 E 型中速磨煤机一次风机功率偏大,导致总的单位能耗高达 26.63 kW·h/t,高出 ZGM 型中速磨煤机近 40%,存在着巨大的节能空间和潜力。

E 型及 ZGM 型中速磨煤机代表性工况的入料和煤粉粒度组成如图 6-33 所示。虽然两类磨机入料的粗颗粒部分粒度分布相似,但 ZGM 型中速磨煤机两个工况中间粒级(−3+0.2 mm)产率较 E 型中速磨煤机高出近 15%,而细粒级产率差异相对较小。E 型中速磨煤机煤粉细度较粗,其−75 μm 煤粉产率较 ZGM 型中速磨煤机两工况少近 30%,ZGM 型中速磨煤机工况 1 煤粉细度略高于工况 3。对比各工况下入料与煤粉细度,初步分析 ZGM 型中速磨煤机运行效率相对较高。

此外,筛分后各窄粒级煤粉的小浮沉试验结果(图 6-34 和图 6-35)表明:煤粉产品中低密度物料产率随粒度的增加而增加,而高密度煤粉产率则随粒度的增加而减少。虽然煤粉分离器按照颗粒粒度分级,但实际运行过程中,不同粒径煤粉的运动还将受到密度的影响。分级产物中各窄粒级煤粉 ρ_{50} 随颗粒粒径的降低而逐渐增加,这说明高密度物料成为煤粉分离器合格煤粉的概率随着颗粒

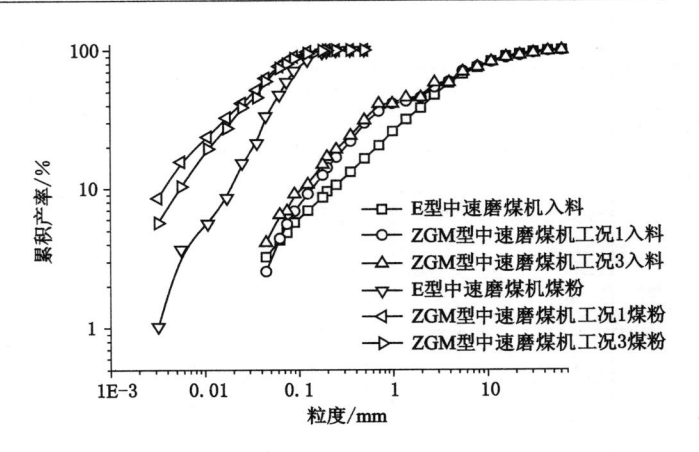

图 6-33   E 型和 ZGM 型中速磨煤机代表性工况的入料和煤粉的粒度组成

粒度的降低而增加。此结论从另一侧面说明,煤中伴生的高密度矿物质只有研磨至较低粒径时才能够被煤粉分离器分级成为合格煤粉进入炉膛燃烧,而难磨矿物质在中速磨煤机内需经历多次研磨—分级才能满足被煤粉分离器分级成为合格煤粉的细度要求,此环节将引起磨机循环倍率、研磨能耗和磨辊磨损的增加。

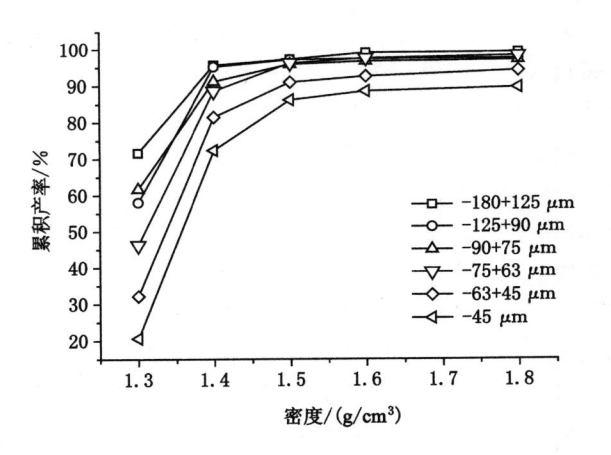

图 6-34   E 型中速磨煤机各粒级煤粉产品的密度组成

E 型中速磨煤机入料原煤灰分仅 4%,而 ZGM 型中速磨煤机入料原煤灰分分别高达 51% 和 35%,伴生矿物质在破碎过程中起到研磨介质的作用使其哈氏可磨性指数达到 92 和 80,远高于 E 型中速磨煤机入料原煤(45)。虽然表 6-8 显示 E 型中速磨煤机的单位研磨能耗为 10.9 kW·h/t,分别较 ZGM 型中速磨

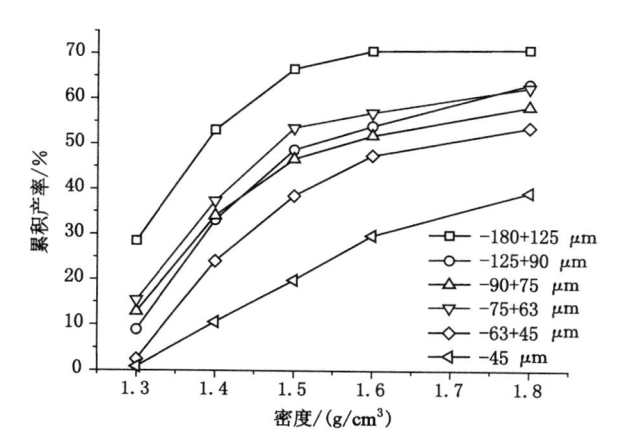

图 6-35 ZGM 型中速磨煤机各粒级煤粉产品的密度组成

两个工况低 2.8 kW·h/t 和 2.0 kW·h/t,但由于两类磨机在入料量、原煤粒度组成和煤粉细度等存在较大差异,尚不能仅仅根据单位研磨能耗评价两类磨机研磨效率。为此,本书首先利用下述模型计算两类设备不同工况下的能量效率:

$$I = 10 \times \frac{T}{W} \times (P - F) \tag{6.6}$$

式中,I 为能量效率;T 为磨机入料量,t/h;W 为磨机功率,kW;P 指煤粉中小于 75 μm 的产率,%;F 指入料原煤中小于 75 μm 的产率,%,10 为单位转换系数。

据此公式计算的两类磨机各工况下能量效率如表 6-9 所示。结果表明 ZGM 型中速磨煤机两工况的能量效率几乎相同,且比 E 型中速磨煤机能量效率高 20%,此计算结果与本节开始的初步分析结论相同。但是此模型仅考虑入料中小于 75 μm 的部分,而实际磨机入料相对较粗,模型参量 F 并不能代表整个入料的粒度组成,特别是粗颗粒部分。

表 6-9 E 型和 ZGM 型中速磨煤机各工况的能量效率

磨机类型	E 型中速磨煤机	ZGM 型中速磨煤机	
工况	2	1	3
能量效率 I	50.06	60.50	60.29

实际生产中,原煤进入中速磨煤机经历研磨和分级后成为合格煤粉的过程可如图 6-36 所示。在平稳运行情况下,磨机入料与合格煤粉的质量流量相同,但磨盘待磨物料并非仅为新鲜入料,还包括锥形体和煤粉分离器返料,其粒度小

于 0.2 mm,新鲜入料仅占磨盘物料总量的 1/13～1/9。在多组物料混合破碎的情况下,无法直接开展针对新鲜入料破碎过程的研究。因此,本节在对比分析两台工业型中速磨煤机运行效率时,忽略细粒级返料的破碎,直接将合格煤粉作为新鲜入料的破碎产品。物料离开磨盘后还要经历锥形体和煤粉分离器的分级作用,其分级效率也影响合格煤粉的细度及粒度组成。但基于前述忽略返料破碎的假设,锥形体和煤粉分离器在新鲜入料粒度降低至合格煤粉细度所经历的多次破碎过程中,两者分级效率将维持在某固定水平而不随一次热风所吹起的煤粉粒度性质变化而变化。

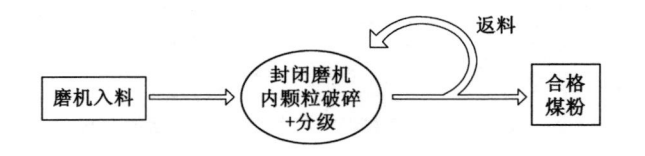

图 6-36　原煤进入中速磨煤机经破碎和分级作用后的煤流变化

　　前述研究结果已表明:嵌入颗粒粒度的破碎模型以及该模型对自制辊磨机试验数据的拟合参数可描述两类辊磨设备的模拟试验结果。试验型与工业型中速磨煤机的研磨机理相同,本节将该优化后的模型及自制辊磨机拟合参数直接应用于两台工业型中速磨煤机。在进行计算前,需明确该模型中物料粒度参量。由于磨机入料粒度较宽,采样中所检测能量是所有粒级物料破碎所消耗的总能量,而其中某单一粒级所分配的能量不得而知。基于此,本节率先计算磨机入料的几何平均粒度(各窄粒级物料的几何平均粒度与产率乘积的加和),并据此计算煤粉细度 t_{10}。利用同样的方法计算煤粉产品的几何平均粒度和两类设备各工况的破碎比,计算结果如表 6-10 所示。

表 6-10　E 型和 ZGM 型中速磨煤机各工况下煤样粒度性质

磨机类型	E 型中速磨煤机	ZGM 型中速磨煤机	
工况	2	1	3
入料几何平均粒度/mm	6.19	6.26	6.68
煤粉几何平均粒度/mm	0.079 1	0.054 8	0.058 3
破碎比	78	114	114
计算 t_{10}	99.54	99.55	99.55

　　计算结果表明:两类磨机各工况的计算 t_{10} 均接近 100%。ZGM 型中速磨煤机两工况入料和煤粉的几何平均粒度相差较小,且破碎比均为 114;虽然 E 型中

速磨煤机的入料粒度相对较小,但煤粉几何平均粒度却为 ZGM 型中速磨煤机两工况的 1.4 倍,破碎比仅为 78。较高的破碎比表明合格煤粉较细,而破碎模型中 t_{10} 所对应的特征粒级高达 0.6 mm,未能表征煤粉中微细粒级颗粒的含量。因此利用原有破碎模型中 t_{10} 反推煤粉粒度组成,是实现对比分析不同类型中速磨煤机运行和能量效率的前提和关键。而煤粉产品 t_{10} 和 t_n 间的关系模型是实现此目标的纽带,两者的关系可通过下述模型表征,即:

$$t_n = 1 - (1 - t_{10})^{[9/(n-1)]^a} \tag{6.7}$$

式中,t_n 为小于初始物料几何平均粒度 $1/n$ 的产率,%;a 为模型拟合参数。

图 6-37 为利用式(6.7)拟合的 E 型和 ZGM 型中速磨煤机两个工况煤粉细度 t_n 和破碎比 n 的关系曲线。虽然该模型对三个工业采样试验的拟合精度 R^2 大于 0.96,但相对较粗的 E 型中速磨煤机煤粉在破碎比超过 100 时的误差相对较大。在此,本节将选择 t_{80}(粒径为 0.079 mm)作为煤粉的特征指标对比分析两类磨机在获得相同煤粉细度时的能量差异或相同能量输入时的煤粉细度差异。将式(3.3)代入式(6.7),获得表征单位破碎能量与煤粉细度的模型,并用该模型进行对比分析计算:

$$t_n = 1 - \left[1 - A \times (1 - e^{-b \cdot x \cdot E_{cs}})\right]^{\left(\frac{9}{n-1}\right)^a} \tag{6.8}$$

式中各参数的意义同式(3.3)和式(6.7)。

结果显示:在两类磨机入料粒度相似的前提下,当煤粉细度 t_{80} 为 40% 时,ZGM 型中速磨煤机所消耗能量(5.25 kW·h/t)为 E 型中速磨煤机(12.84 kW·h/t)的 41%;当单位破碎能量为 10 kW·h/t 时,ZGM 型中速磨煤机所磨制煤粉的 t_{80}(50.17%)为 E 型中速磨煤机(39.60%)的 1.27 倍。

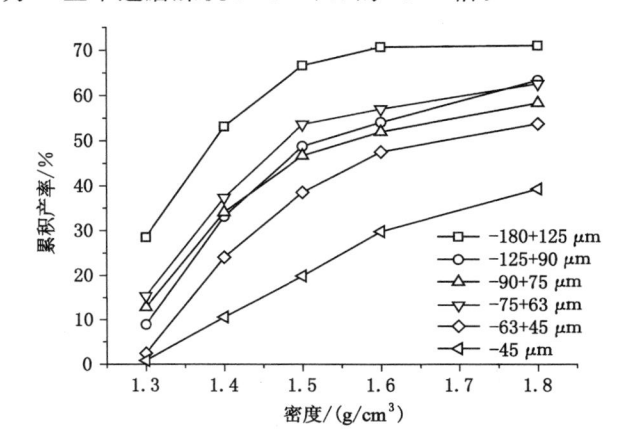

图 6-37 两类磨机工业采样的煤粉细度 t_n 和破碎比 n 的关系曲线

6.4.8 磨机能耗对燃煤性质的响应

虽然在对比 E 型和 ZGM 型中速磨煤机研磨效率研究中已开展磨机入料和合格煤粉的采集,但仍无法获得封闭磨机内的物料性质。E 型中速磨煤机采样期间入料稳定,燃煤性质未发生变化;但 ZGM 型中速磨煤机则先后选取了两种不同煤种作为入料。因此,为研究入料性质对磨机能耗的影响,在 ZGM 型中速磨煤机外筒体开取三个采样孔,分别采集工况 1 和工况 3 时锥形体和煤粉分离器的入料和返料。在完成各节点采集样品的粒度分析后,基于质量平衡原理进行中速磨煤机循环倍率的计算。中速磨煤机在两采样工况时的计算数据如表6-11 所示。

表 6-11 ZGM 型中速磨煤机两工况的计算数据

工况	1	3
入料灰分/%	51	35
入料量/(t/h)	25.10	26.20
循环倍率	12.00	10.50
单位研磨能耗/(kW·h/t)	13.70	12.90
研磨能耗/(kW·h)	4126.44	3548.79

结果表明:当入料灰分由 51% 降低至 35% 时,中速磨煤机单位研磨能耗从 13.70 kW·h/t 减少至 12.90 kW·h/t,即燃用低灰原煤有助于降低能量消耗。对连续运行的中速磨煤机而言,入料灰分波动并非直接导致研磨能耗改变。虽然超过 85% 的煤粉粒度小于 0.09 mm,但煤粉分离器的分级粒度仅为 30~50 μm,大部分物料将返回磨盘继续研磨。前述实验室粗细颗粒混合试验已证实,细颗粒的加入降低物料床层与研磨介质和磨盘的摩擦因数,导致输入能量减少,粗颗粒破碎速率减慢。因此,对研磨能耗影响更为直接和显著的是循环负荷。计算结果显示当原煤灰分为 35% 时,磨机循环倍率为 10.50;而当灰分增加至 51% 时,循环倍率上升为 12.00。虽然两采样工况时中速磨煤机出力相当,但使用高灰原煤时,磨盘待磨物料流量更高。ZGM 型中速磨煤机两工况时的单位研磨能耗仅相差 0.8 kW·h/t,但当考虑磨盘待磨物料流量差异后,两工况实际能耗(以 kW·h 计量)相差将更大,低灰原煤的能量消耗为高灰时的 86%。虽然从改变原煤灰分的角度可实现对循环倍率的控制,但并未实现对循环负荷性质,即灰分和硫分的调节。本书第 5 章关于循环负荷灰分和硫分以及循环倍率改变的工业性验证试验,需将循环负荷引至磨机外部并运用干法分选工艺将解离的

高密度矿物质去除,即实现研磨—分级—分选一体化。工业性一体化系统改造工程量较大,此类研究将在后续制粉系统工艺优化工作完成后进行。

6.5　本章小节

研究团队在国内首次对燃煤电厂的一台 ZGM-95 型中速磨煤机进行开孔采样,通过对中速磨煤机原煤煤种、给煤量、风量、液压加载力以及煤粉分离器挡板开度的调节,实现不同工况条件下煤粉分离器内各点物料的收集。详细介绍了实验室样品处理方法,通过样品的粒度分析、密度分析、工业分析、全硫含量分析以及 HGI 指数测定分析煤粉分离器内各点物料特性,并利用试验数据分析结果,对煤粉分离器内循环物料进行数质量平衡计算,得到煤粉分离器内循环倍率以及各采样点物料质量。研究发现了物料粒度、粒度与灰分、挥发分、发热量、硫分、可磨性指数以及研磨能耗之间的变化规律。低密度煤粉分离器的入料、返料和煤粉的硫分含量区别较小且含量较低,而在高密度时区别较大,具有煤粉分离器返料硫分最高、煤粉产品硫分最低的分布趋势。本章研究过程中,通过数质量平衡计算,分析了磨机参数变化(给煤量、风量、液压加载力、煤质特性)对煤粉分离器循环倍率、煤粉分离器分级效率及内部物料分布的影响规律。

本节基于优化的破碎模型及 t_{10} 和 t_n 关系建立直接联系单位破碎能量及产品细度 t_n 的数学模型,并结合工业采样试验数据对比 E 型和 ZGM 型中速磨煤机的运行和能量效率。对连续运转的中速磨煤机而言,原煤灰分的波动导致磨机循环倍率改变,进而影响单位研磨能耗。工业采样表明:当原煤灰分由 51％降低至 35％时,能量消耗降低 14％。

7　结论与展望

7.1　结论

本书以经典能量-粒度减小模型为基础,选取煤粉细度 t_{10} 和单位破碎能量为能量特征参数,采用模拟研究与工业采样相结合的方法深入分析物料在中速磨煤机内的破碎过程。研究了窄粒级煤炭在哈氏可磨仪和自制辊磨装置内的破碎行为,揭示了间断闭路破碎试验中颗粒破碎动力学随时间的演变规律及诱因,建立了包含颗粒粒度的破碎模型。基于中速磨煤机磨盘物料性质多元的特点,设计了多类混合破碎试验。考察了同粒级多相混合破碎中各相破碎行为,建立了包含物料质量加权硬度的能量-粒度减小模型,并将混合破碎中各相的相互影响体现在破碎能量中,构建了计算各相能量分配因子的方法。分析了多粒级混合破碎中各窄粒级物料破碎行为,将建立在多组窄粒级单独破碎试验上,包含粒度的破碎模型应用到受粒度和灰分双重影响的多粒级混合破碎中。分析了床层中细颗粒的加入对破碎能量、粗颗粒破碎速率及细颗粒生成量的影响。研究了破碎特性及研磨能耗对颗粒性质的响应,并进一步优化破碎模型。建立了涵盖物料灰分和粒度的破碎模型,并定量分析煤炭灰分波动对研磨能量的影响;通过优化试验组合,设计了研究粒度、灰分对能耗影响的简化试验方案。模拟研究了循环负荷控制的能量效应,借助不同灰分和硫分的循环物料,分析了循环负荷控制对颗粒破碎及能量效率的影响。为验证实验室规模不同类型磨机能效对比及研磨能耗对颗粒性质响应的研究,分别开展了 E 型和 ZGM 型中速磨煤机工业采样试验。分析了两类磨机入料和煤粉粒度组成并从磨机结构角度揭示研磨能耗差异的原因;基于包含颗粒粒度的破碎模型分析了 E 型和 ZGM 型中速磨煤机的能量效率,并结合采样数据予以验证;分析了原煤灰分波动所引起的循环倍率以及研磨能耗的变化。研究的主要结论如下:

7.1.1　中速磨煤机内颗粒破碎特性及能量-粒度减小过程的模型化

（1）基于结构相似准则,分别利用加装功率测量仪的哈氏可磨仪和自制辊磨装置研究煤炭在 E 型和 ZGM 型中速磨煤机内的破碎行为和能耗特性。窄粒级原煤在两类模拟设备中的破碎速率均符合一级动力学模型。但间断闭路破碎试验中新生细颗粒累积所产生的缓冲效应及随时间延长而逐渐降低的破碎能量的综合作用,导致窄粒级物料在哈氏可磨仪内的破碎过程由线性转为非线性。去除新生细颗粒可提高输入能量水平,促进细颗粒生成。

(2)在对比哈氏可磨仪与经典破碎模型起源设备——落锤试验仪结构和破碎机理基础上,将该模型用于描述中速磨煤机内窄粒级物料的破碎。在分析不同粒级原煤单位破碎能量和煤粉细度 t_{10} 关系基础上,建立包含物料粒度的破碎模型:

$$t_{10} = A \times (1 - e^{-b \cdot x \cdot E_{cs}})$$

(3)自制辊磨装置磨盘转速的变化引起破碎能量效率的波动。但与窄粒级原煤在哈氏可磨仪固定参数破碎试验不同,颗粒在自制辊磨装置的破碎还受到入料粒度、加载力和磨盘填充率等物料性质和操作参数的影响。模型拟合结果表明:包含物料粒度的能量-粒度减小模型可表征多参数影响下的窄粒级原煤的破碎。

(4)相同破碎模型及其拟合参数对颗粒在哈氏可磨仪和自制辊磨装置内破碎的表征表明两类模拟设备能量效率相同。但设备结构分析显示:物料单位时间在哈氏可磨仪的破碎次数为自制辊磨装置的 1.3 倍。破碎过程的差异致使自制辊磨装置粗破碎的拟合参数 A 和 b 乘积较哈氏可磨仪小,即抵抗破碎能力较强,能量效率较低。

7.1.2 中速磨煤机内多相混合破碎的模型化及能量分配问题

(1)同粒级多相混合破碎中,产品细度随混合物质量加权平均硬度的提高而降低,其中超纯煤产物细度呈现相同变化规律。混合破碎中各相破碎速率仍符合一级动力学模型,其中硬矿物破碎速率随体积含量的减小而增加,混合物 A 中软矿物煤的破碎速率随其体积含量的增加而增加,混合物 B 中软矿物方解石则呈相反趋势。

(2)分析混合破碎产物粒度组成与输入能量的关系,建立涵盖混合物质量加权硬度的破碎模型:

$$t_{10} = A \times (1 - e^{-b \cdot E_{cs}/H_w})$$

在该优化的破碎模型基础上,将同粒级混合破碎中各相相互影响体现在破碎能量中,提出计算混合破碎中各相能量分配因子的新方法,将其定义为各相物料在混合和单独破碎中获得相同细度 t_{10} 时所消耗的能量之比。结果显示:混合物 A 中超纯煤和黄铁矿以及混合物 B 中超纯煤和方解石的能量分配因子随时间延长分别呈增加和降低的趋势;混合物 A 中各相分配因子均小于 1,即混合破碎中各相能量效率增加,混合物 B 中超纯煤能量分配因子小于 1 而方解石的则大于 1。

（3）将建立在窄粒级原煤破碎试验基础上，包含粒度的破碎模型扩展到受粒度和灰分影响的超纯煤和炼焦中煤多粒级混合破碎。结合该优化模型及基于破碎产品在 t_{10} 所对应特征粒度附近累积产率与粒度呈线性关系的假设，提出计算多粒级混合破碎中窄粒级物料能量分配因子的方法，将其定义为窄粒级物料在混合和单独破碎中生成相同混合物特征细度 t_{10} 所消耗的能量比。结果表明：窄粒级煤样能量分配因子均大于 1，表明混合破碎中各粒级破碎能量效率（产生相同细度时所消耗能量）均呈下降趋势；不同混合比例中窄粒级煤样能量分配因子差异较小，且能量效率随破碎时间延长而提高；能量分配因子随煤样粒度的降低而变大，即粒度越小，能量效率越低。

（4）不同质量配比的粗细颗粒混合试验表明：加入床层中的细粉占据粗颗粒与研磨介质以及粗颗粒间的空隙。定性测量摩擦因数的简易装置证明细颗粒的加入导致床层摩擦因数减小，并致使输入能量降低、粗颗粒破碎速率减缓、−0.074 mm 煤粉生成量减少。

7.1.3 中速磨煤机内颗粒破碎特性及研磨能耗对颗粒性质的响应

（1）不同粒度-灰分煤样在哈氏可磨仪的破碎初期符合一级动力学，随着细颗粒的累积和输入能量的降低，初始粒级破碎速率降低并由线性转为非线性。在分析颗粒粒度和灰分对能量-粒度减小过程影响权重的基础上，建立包含颗粒粒度和灰分参量的破碎模型，以评估破碎能量对煤样灰分的响应，模型结构如下：

$$t_{10} = A \times (1 - e^{-b \cdot x \cdot E_{cs}/e^{Y_a}})$$

计算结果显示：破碎能量相同时，当同粒级原煤灰分由 45% 降至 25% 时，低灰原煤产品细度 t_{10} 较高灰原煤增加 15%；在相同煤粉细度 t_{10} 前提下，灰分为 25% 原煤所需能量较灰分为 45% 原煤降低近 20%。为快速分析破碎能量对煤样灰分的响应，设计了涵盖所有粒度、灰分和能量等级的简化试验。将试验数量由原来的 130 余组降低至 20 组，简化试验结果与上述破碎模型高度吻合。

（2）返料中矿物质累积对煤炭破碎过程的影响研究显示：各密度级返料与粗粒原煤混合破碎时磨机的机械效率随研磨时间的增加而降低。在同一时间节点，磨机的机械效率随返料密度级增大而降低。煤粉中矿物质的累积对磨机机械效率的影响十分显著。混合破碎中粗颗粒单位破碎能量随返料密度级增加而增加，在磨机运行 5 min 时，返料密度级为 +1.8 g/cm³ 粗颗粒的单位破碎能量比返料密度级为 −1.5 g/cm³ 的单位破碎能量高 36.27%。

（3）循环物料控制能量效应的研究以减少循环物料灰分和硫分、降低循环倍率为切入点,模拟研究其对粗颗粒破碎产物粒度组成、煤粉细度以及能量效率的影响。结果显示当循环倍率由 11 降至 6 时,粗颗粒破碎指标 $A \cdot b$ 值提高 2 倍,表明抵抗破碎能力减弱;破碎至相同 -0.09 mm 煤粉产率时可节约能量 56.67%,在相同能量输入前提下 -0.09 mm 煤粉产率提高 2 倍。

7.1.4 磨机能量效率对比及研磨能耗对燃煤性质响应的工业验证

（1）分别完成 E 型和 ZGM 型中速磨煤机工业采样及样品性质分析,E 型中速磨煤机内较多的研磨介质使得一次热风需克服相对较大的通风阻力,最终导致磨机能耗高于 ZGM 型中速磨煤机。基于优化的破碎模型及 t_{10} 和 t_n 关系建立起直接联系单位破碎能量及产品细度 t_n 的数学模型。以 t_{80} 为煤粉细度指标,在磨机入料粒度组成相似的前提下,当煤粉细度相同时,ZGM 型中速磨煤机能耗为 E 型中速磨煤机的 41%;当输入能量相同时,ZGM 型中速磨煤机煤粉细度 t_{80} 为 E 型中速磨煤机的 1.27 倍。

（2）对 ZGM 型中速磨煤机进行开孔改造以采集锥形体和煤粉分离器的入料和返料。在样品粒度分析及质量平衡计算基础上,分析燃煤灰分波动对循环倍率和研磨能耗的影响。结果显示:当原煤灰分由 51% 降低至 35% 时,磨机循环倍率由 12.00 减少至 10.50;低灰原煤的破碎能耗(以 kW·h 计量)为高灰时的 86%。

7.2 展望

鉴于笔者水平和研究时间有限,本书还存在诸多亟待改进和完善之处,后续工作将从如下几个方面着手:

（1）本书所涉及的破碎模型建立在实验室模拟试验研究基础上,模型结构相对简单,能否应用到工作环境和操作参数复杂的工业型中速磨煤机中仍需半工业和工业型破碎试验进一步的验证。

（2）基于颗粒标记的多相混合破碎中能量分配问题的研究。混合破碎的研究不应局限于硬度、密度或化学性质不同的纯矿物间,后续设计试验应更贴近磨矿实际。鉴于同类物料混合破碎产物难以区分,着手开展颗粒标记的相关研究,以特征标记物的含量反推窄粒级中各相的百分含量,进而获取粒度组成并进行能量分配因子计算。此研究中寻找或设计实用的颗粒标记方法是关键。

（3）多相混合破碎中能量分配因子的 EDEM 模拟验证。虽然多相混合破碎中能量分配因子所基于的能量平衡方程成立,但在试验过程中无法验证。而采用离散元模拟研究的方法可观察试验研究中难以获取的细节,包括破碎挤压能和剪切能的分配,各类能量的破碎效率以及混合破碎中各相所分配的能量。

（4）中速磨煤机的高温、干燥环境使颗粒破碎行为有别于常温和含水状态,而这种差异尚需进一步试验研究以完成定性或定量评估;燃煤电厂制粉系统能耗偏高,结合原煤性质选择合适、实用的预处理手段(高压电脉冲、微波预处理、添加助磨剂等)以降低原煤抵抗破碎的能力,是实现节能降耗的一条途径,此课题亟须开展。

（5）不同性质颗粒在煤粉分离器内分离行为仅停留在试验研究层面,未能采用先进的分析测试手段系统研究颗粒的分离过程;试验研究外,仍须借助数值模拟的手段,通过有限元与离散元相互耦合(Fluent-EDEM)的方式,揭示多元颗粒在复杂流场中的运动和分离行为。

参 考 文 献

[1] 吴建良.MPS212中速磨煤机直吹式制粉系统运行特性分析[J].华电技术, 2015,37(3):61-63.

[2] 贾鸿祥.制粉系统设计与运行[M].北京:水利电力出版社,1995.

[3] 徐荣田,何翔,程智海,等.MPS型中速磨煤机对不同煤种煤粉细度的影响 [J].发电设备,2012,26(2):80-83.

[4] 戴为,牛海峰,马洪顺.中速磨煤机[M].北京.机械工业出版社,1999.

[5] 周建伟,朱红兵,陈增宏,等.中速磨煤机正压直吹式热一次风机扩容试验与 变型改造[J].风机技术,2015,57(2):85-90.

[6] 容銮恩,袁镇福,刘志敏,等.电站锅炉原理[M].北京,中国电力出版 社,1997.

[7] 孙家鼎,王昶东.燃煤电厂锅炉节能减排技术[J].中国电力,2010,43(4): 55-57.

[8] LU Q C,XIE W N,ZHANG F B,et al. Energy-size reduction of mixtures of anthracite and coking coal in Hardgrove mill [J]. Fuel, 2020, 264:116829.

[9] 张锐.粗煤粉分离器的三维气固两相流动研究[D].长春:吉林大学,2004.

[10] 刘一凡.中速磨煤机粗粉分离器分离特性数值模拟[D].长春:吉林大 学,2008.

[11] 张锐,董冠良,范少泉.数值模拟计算粗粉分离器工作效率的新方法[J].电 站系统工程,2005,21(1):27-28.

[12] 石金兴,王泓,龙辉.中速磨煤机的国产化及发展趋势分析(续)[J].水利电 力机械,2003(2):4-6.

[13] 葛铭,孙俊威,戴维葆,等.ZGM95K-Ⅱ型磨煤机煤粉细度和分配特性 [J]. 洁净煤技术,2019(S2):72-76.

[14] 张峰彬,何亚群,李红,等.静态煤粉分离器中颗粒运动特性数值模拟研究 [J].中国煤炭,2017(12):115-122.

[15] 何亚群,周念鑫,左蔚然,等.不同磨煤粒度条件下煤粉分离器分离特性研 究[J].中国粉体技术,2012,18(1):61-65.

[16] XIE W N,HE Y Q,ZHANG Y H,et al. Simulation study of the energy-

size reduction of MPS vertical spindle pulverizer[J]. Fuel, 2015, 139: 180-189.

[17] XIAO F, XU H, LI X Y, et al. Modeling particle-size distribution dynamics in a shear-induced breakage process with an improved breakage kernel:Importance of the internal bonds[J]. Colloids and Surfaces A: Physicochemical and Engineering Aspects, 2015, 468:87-94.

[18] XIE W N, HE Y Q, WANG Y J, et al. Effect of fine particles on the breakage behavior of coarse coal in the Hardgrove mill[J]. International Journal of Coal Preparation and Utilization, 2017, 37(6):1-13.

[19] 柴星腾. 辊压机粒度预测参数优化[D]. 武汉,武汉工业大学,1995.

[20] 王仲春. 辊磨有关机理及工艺计算的探讨(Ⅰ)[J]. 水泥技术,2010(2): 24-27.

[21] 王仲春. 辊磨有关机理及工艺计算的探讨(Ⅱ)[J]. 水泥技术,2010(3): 25-28.

[22] 毛永清,关天罡,梅东升. 提高中速磨煤机出力的数值模拟与试验研究[J]. 电站系统工程,2018,1:26-28.

[23] AUSTIN L G, SHAH J, WANG J, et al. An analysis of ball-and-race milling. Part Ⅰ. The Hardgrove mill[J]. Powder Technology, 1981, 29 (2):263-275.

[24] AUSTIN L G, LUCKIE P T, SHOJI K. An analysis of ball-and-race milling. Part Ⅱ. The Babcock E 1. 7 mill[J]. Powder Technology, 1982, 33 (1):113-125.

[25] AUSTIN L G, LUCKIE P T, SHOJI K. An analysis of ball-and-race milling. Part Ⅲ. Scale-up to industrial mills[J]. Powder Technology, 1982,33(1):127-134.

[26] HEECHAN C. Investigation of the grinding of coal and mineral mixtures in a batch ball-race mill [D]. State College :The Pennsylvania State University, 1990.

[27] HEECHAN C, LUCKIE P T. Grinding behavior of coal blends in a standard ball-and-race mill[J]. Energy & Fuels, 1995, 9(1):59-66.

[28] SATO K, MEGURI N, SHOJI K, et al. Breakage of coals in ring-roller mills. Part Ⅰ. The breakage properties of various coals and simulation model to predict steady-state mill performance[J]. Powder Technology, 1996, 86(3):275-283.

［29］ SUN X L,XIE W N,HE Y Q,et al. Analyses of the energy-size reduction of mixtures of narrowly sized coals in a ball-and-race mill［J］. Advanced Powder Technology,2018,29(6):1357-1365.

［30］ SHI F N. A review of the applications of the JK size-dependent breakage model［J］. International Journal of Mineral Processing,2016,155: 118-129.

［31］ SHI FRANK,HE Y Q. Efficiency improvements in coal-fired utilities: an overview on the APP project research outcomes［C］//Australian Coal Science Conference,2013.

［32］ ÖZER C E,WHITEN W J. A multi-component appearance function for the breakage of coal［J］. International Journal of Mineral Processing, 2012,104/105:37-44.

［33］ SHI F N,ZUO W R. Coal breakage characterisation – Part 1:Breakage testing with the JKFBC［J］. Fuel,2014,117:1148-1155.

［34］ SHI F N. Coal breakage characterisation. Part 2. Multi-component breakage modelling［J］. Fuel,2014,117:1156-1162.

［35］ SHI F N. Coal breakage characterisation. Part 3. Applications of the multi-component model for HGI prediction and breakage simulations［J］. Fuel,2014,117:1163-1169.

［36］ SHI F N,KOJOVIC T,BRENNAN M S. Modelling of vertical spindle mills. Part 1. Sub-models for comminution and classification［J］. Fuel, 2015,143:595-601.

［37］ KOJOVIC T,SHI F N,BRENNAN M. Modelling of vertical spindle mills. Part 2. Integrated models for E-mill,MPS and CKP mills［J］. Fuel, 2015,143:602-611.

［38］ 左蔚然. MPS 磨煤机运行过程数学建模与优化［D］. 徐州:中国矿业大学,2013.

［39］ ZUO W R,ZHAO Y M,HE Y Q,et al. Relationship between coal size reduction and energy input in Hardgrove mill［J］. International Journal of Mining Science and Technology,2012,22(1):121-124.

［40］ REICHERT M,GEROLD C,FREDRIKSSON A,et al. Research of iron ore grinding in a vertical-roller-mill［J］. Minerals Engineering,2015,73: 109-115.

［41］ SCHILDE C,BURMEISTER C F,KWADE A. Measurement and

simulation of micromechanical properties of nanostructured aggregates via nanoindentation and DEM-simulation[J]. Powder Technology,2014,259: 1-13.

[42] ESNAULT V P B,ZHOU H,HEITZMANN D. New population balance model for predicting particle size evolution in compression grinding[J]. Minerals Engineering,2015,73:7-15.

[43] UCGUL M,FIELKE J M,SAUNDERS C. Three-dimensional discrete element modelling （DEM） of tillage:Accounting for soil cohesion and adhesion[J]. Biosystems Engineering,2015,129:298-306.

[44] 胡国明.颗粒系统的离散元素法分析仿真[M].武汉,武汉理工大学出版社,2010.

[45] WEERASEKARA N, LIU L, POWELL M S. Estimating energy in grinding using DEM modelling[J]. Minerals Engineering,2016,85:23-33.

[46] DELANEY G W, CLEARY P W, MORRISON R D, et al. Predicting breakage and the evolution of rock size and shape distributions in Ag and SAG mills using DEM[J]. Minerals Engineering,2013,50:132-139.

[47] XIE W N, HE Y Q, GE Z Z, et al. An analysis of the energy split for grinding coal/calcite mixture in a ball-and-race mill [J]. Minerals Engineering,2016,93:1-9.

[48] POWELL M S,WEERASEKARA N,COLE S,et al. DEM modelling of liner evolution and its influence on grinding rate in ball mills[J]. Minerals Engineering,2011,24(3):341-351.

[49] ZHOU W,WANG D,MA G,et al. Discrete element modeling of particle breakage considering different fragment replacement modes[J]. Powder Technology,2020,360:312-323.

[50] CLEARY P W,MORRISON R D,DELANEY G W. Incremental damage and particle size reduction in a pilot SAG mill:DEM breakage method extension and validation[J]. Minerals Engineering,2018,128:56-68.

[51] JIMÉNEZ-HERRERA N, BARRIOS G K P, TAVARES L M. Comparison of breakage models in DEM in simulating impact on particle beds[J]. Advanced Powder Technology,2018,29(3):692-706.

[52] WEERASEKARA N, POWELL M S, CLEARY P W, et al. The contribution of DEM to the science of comminution [J]. Powder Technology,2013,248:3-24.

［53］OPOWELL M S,GOVENDER I,MCBRIDE A T. Applying DEM outputs to the unified comminution model［J］. Minerals Engineering, 2008, 21 (11):744-750.

［54］CLEARY P W. Large scale industrial DEM modelling［J］. Engineering Computations,2004,21:169-204.

［55］江晓红. 立式辊磨机动态特性及非稳态振动机理的研究［D］. 徐州:中国矿业大学,2009.

［56］ZHOU Y D,LIU Y L,TANG X W,et al. Numerical investigation into the fragmentation efficiency of one coal prism in a roller pulveriser: Homogeneous approach［J］. Minerals Engineering,2014,63:25-34.

［57］CHI C,ZHOU Y,CAO S,et al. Development of a pilot roller test machine for investigating the pulverizing performance of particle beds［J］. Minerals Engineering,2015,72:65-72.

［58］A F 塔加尔特. 选矿手册:第二卷 ［M］. 北京:冶金工业出版社,1960.

［59］HANSEN R C. Energy-size reduction relations in agricultural grain comminution［J］. Transactions of the ASAE,1965,8(2):0230-0234.

［60］HOLMES J A, PATCHING S W F. A preliminary investigation of differential grinding. grinding of quartz limestone mixtures ［J］. Transactions of the Institution of Chemical Engineers,1957,35.

［61］ABOUZEID A Z M,FUERSTENAU D W. Grinding of mineral mixtures in high-pressure grinding rolls ［J］. International Journal of Mineral Processing,2009,93(1):59-65.

［62］FUERSTENAU D W,ABOUZEID A Z M,KAPUR P C. Energy split and kinetics of ball mill grinding of mixture feeds in heterogeneous environment［J］. Powder Technology,1992,72(2):105-111.

［63］HU Z F,SUN C Y. Effects and mechanism of different grinding media on the flotation behaviors of beryl and spodumene［J］. Minerals,2019,9(11): 666.

［64］CHEHREH C S,PARIAN M,SEMSARI P P,et al. A comparative study on the effects of dry and wet grinding on mineral flotation separation-a review［J］. Journal of Materials Research and Technology, 2019,8(5): 5004-5011.

［65］KAPUR P C, FUERSTENAU D W. Energy split in multicomponent grinding ［J］. International Journal of Mineral Processing, 1988, 24:

125-142.

[66] FUERSTENAU D W, ABOUZEID A M, PHATAK P B. Effect of particulate environment on the kinetics and energetics of dry ball milling [J]. International Journal of Mineral Processing,2010,97(1):52-58.

[67] FUERSTENAU D W, PHATAK P B, KAPUR P C, et al. Simulation of the grinding of coarse/fine (heterogeneous) systems in a ball mill[J]. International Journal of Mineral Processing,2011,99(1):32-38.

[68] IPEK H, UCBAS Y, YEKELER M, et al. Dry grinding kinetics of binary mixtures of ceramic raw materials by Bond milling [J]. Ceramics International,2005,31(8):1065-1071.

[69] SHI F N. A review of the applications of the JK size-dependent breakage model Part 2:Assessment of material strength and energy requirement in size reduction[J]. International Journal of Mineral Processing,2016,157: 36-45.

[70] SHI F N, XIE W G. A specific energy-based size reduction model for batch grinding ball mill[J]. Minerals Engineering,2015,70:130-140.

[71] HEECHAN C, LUCKIE P T. Investigation of the breakage properties of components in mixtures ground in a batch ball-and-race mill[J]. Energy & Fuels,1995,9(1):53-58.

[72] AUSTIN L G, BAGGA P. An analysis of fine dry grinding in ball mills [J]. Powder Technology,1981,28(1):83-90.

[73] FANG C Y, CAMPBELL G M. On predicting roller milling performance Ⅳ:effect of roll disposition on the particle size distribution from first break milling of wheat[J]. Journal of Cereal Science,2003,37(1):21-29.

[74] SLIGAR J. Component wear in vertical spindle mills grinding coal[J]. International Journal of Mineral Processing,1996,44/45:569-581.

[75] 段希祥. 细磨及超细磨下的功耗规律研究[J]. 有色金属（选矿部分）,1993 (1):33-39.

[76] DENIZ V. The effects of moisture content and coal mixtures on the grinding behavior of two different coals[J]. Energy Sources, Part A: Recovery,Utilization,and Environmental Effects,2014,36(3):292-300.

[77] 何亚群,谢卫宁,王昱杰,等. 燃煤电厂中速磨煤机内矿物质累积迁移规律研究[J]. 选煤技术. 2019,28(1): 60-63.

[78] EPSTEIN B. Logarithmico-normal distribution in breakage of solids[J].

Industrial & Engineering Chemistry,1948,40(12):2289-2291.

[79] EPSTEIN B. The mathematical description of certain breakage mechanisms leading to the logarithmico-normal distribution[J]. Journal of the Franklin Institute,1947,244(6):471-477.

[80] BROADBENT S R,CALLCOTT T G. Coal breakage processes Ⅰ. A new analysis of coal breakage process [J]. Journal of the Institute of Fuel, 1956,29: 524-528.

[81] SHI F N. A review of the applications of the JK size-dependent breakage model part 3:Comminution equipment modelling[J]. International Journal of Mineral Processing,2016,157:60-72.

[82] BROADBENT S R,CALLCOTT T G. A matrix analysis of processes involving particle assemblies[J]. Philosophical Transactions of the Royal Society of London Series A,Mathematical and Physical Sciences,1956, 249(960):99-123.

[83] LYNCH A J. Mineral crushing and grinding circuit [M]. New York: Elsevier Scientific Publishing Company,1977.

[84] AUSTIN L G. Introduction to the mathematical description of grinding as a rate process[J]. Powder Technology,1971,5(1):1-17.

[85] XIE W N, HE Y Q, YANG Y, et al. Experimental investigation of breakage and energy consumption characteristics of mixtures of different components in vertical spindle pulverizer[J]. Fuel,2017,190:208-220.

[86] 谢广元.选矿学[M].徐州:中国矿业大学出版社,2001.

[87] SHI F N, KOJOVIC T. Validation of a model for impact breakage incorporating particle size effect [J]. International Journal of Mineral Processing,2007,82(3):156-163.

[88] KIM H N,KIM J W,KIM M S,et al. Effects of ball size on the grinding behavior of talc using a high-energy ball mill [J]. Minerals, 2019, 9 (11):668.

[89] 江旭,徐顺武,朱昆泉.立式辊磨机的粉磨机理及实验研究[J].武汉化工学院学报,2006(1):60-63.

[90] MAZZINGHY D B,SCHNEIDER C L,ALVES V K,et al. Vertical mill simulation applied to iron ores[J]. Journal of Materials Research and Technology,2015,4(2):186-190.

[91] 柴星腾.辊压机粉碎动力学模型研究[J].粉体技术,1996(3): 18-26.

[92] ALTUN D,GEROLD C,BENZER H,et al. Copper ore grinding in a mobile vertical roller mill pilot plant[J]. International Journal of Mineral Processing,2015,136:32-36.

[93] 魏华.CKP 磨机破碎水泥熟料的能量耗散机理和动力学研究[D].徐州:中国矿业大学,2014.

[94] WEI H,HE Y Q,WANG S,et al. Effects of circulating load and grinding feed on the grinding kinetics of cement clinker in an industrial CKP mill [J]. Powder Technology,2014,253:193-197.

[95] WEI H,HE Y Q,SHI F N,et al. Breakage and separation mechanism of ZGM coal mill based on parameters optimization model[J]. International Journal of Mining Science and Technology,2014,24(2):285-289.

[96] 卓金武.水泥厂磨矿过程模拟与优化研究[D].徐州:中国矿业大学,2008.

[97] 王帅.电厂磨机返料在稀相振动气固流化床中的颗粒分离行为[D].徐州:中国矿业大学,2013.

[98] 王帅,何亚群,王海锋,等.稀相气固流化床分选电厂磨煤机返料的研究[J].煤炭学报,2013,38(3):480-486.

[99] WANG S,HE Y Q,HE J F,et al. Experiment and simulation on the pyrite removal from the recirculating load of pulverizer with a dilute phase gas-solid fluidized bed[J]. International Journal of Mining Science and Technology,2013,23(2):301-305.

[100] BERNOTAT S. Classifiers in roller grinding mills[J]. Zement-Kalk-Gips,1991,44:73-75.

[101] BRUNDIEK H. Classifiers for roller grinding mills[J]. Zement-Kalk-Gips,1993,46:281-286.

[102] PARHAM J J,EASSON W J. Flow visualisation and velocity measurements in a vertical spindle coal mill static classifier[J]. Fuel,2003,82(15):2115-2123.

[103] CONROY A P,TRENAMAN K J. The flow of hard minerals in a pilot scale vertical spindle coal pulveriser and its impact on pulveriser wear [C]// Fourth Australian Coal Science Conference,1990,Brisbane,Australia.

[104] SINGH B,ROWLAND W L. Vertical spindle pulverisers:a comparison between predicted and measured performance[C]// Fifth Australian Coal Science Conference,1992,Melbourne,Australia.

［105］ONUMA E,ITO M. High efficiency separators in coal grinding circuits [J]. World Cement,1994,25(6):43-47.

［106］BARRANCO R,COLECHIN M,CLOKE M,et al. The effects of pf grind quality on coal burnout in a 1 MW combustion test facility[J]. Fuel,2006,85(7):1111-1116.

［107］孔文俊,栾庆富.旋转煤粉分离器阻力特性研究[J].华中理工大学学报, 1994,22(3):78-81.

［108］孔文俊,栾庆富.旋转煤粉分离器内两相流动的理论与实验研究[J].华中理工大学学报,1995,23(A1):171-176.

［109］孔文俊,栾庆富,张明春,等.MPS磨新型静动叶结合组合式旋转煤粉分离器研究[J].热能动力工程,1996(2):75-80.

［110］解其林.燃煤火力发电厂磨煤机旋转式粗粉分离器应用技术研究[D].南京:东南大学,2006.

［111］叶如祥,刘川槐.新型静态分离器在 MPS 型磨煤机上的应用[J].热力发电,2013(6):72-74.

［112］王承亮,将蓬勃,侯德安,等.300 MW 燃煤机组制粉系统电耗试验研究 [J].东北电力技术,2015(6):31-34.

［113］孙培波.S 型静态分离器在 ZGM113G 型磨煤机的应用及性能分析 [J]. 电力与能源,2016,37(2):244-246.

［114］BHASKER C. Numerical simulation of turbulent flow in complex geometries used in power plants[J]. Advances in Engineering Software, 2002,33(2):71-83.

［115］CHEN M H,LU H F,JIN Y,et al. Experimental and numerical study on gas-solid two-phase flow through regulating valve of pulverized coal flow [J]. Chemical Engineering Research & Design,2020,155:1-11.

［116］VUTHALURU R,KRUGER O,ABHISHEK M,et al. Investigation of wear pattern in a complex coal pulveriser using CFD modelling[J]. Fuel Processing Technology,2006,87(8):687-694.

［117］BENIM A C,STEGELITZ P,EPPLE B. Simulation of the two-phase flow in a laboratory coal pulveriser[J]. Forschung Im Ingenieurwesen, 2005,69(4):197-204.

［118］SHAH K,VUTHALURU R,VUTHALURU H B. CFD based investigations into optimization of coal pulveriser performance:Effect of classifier vane settings[J]. Fuel Processing Technology,2009,90(9):

1135-1141.

[119] KARUNAKUMARI L, ESWARAIAH C, JAYANTI S, et al. Experimental and numerical study of a rotating wheel air classifier[J]. AIChE Journal,2005,51(3):776-790.

[120] ESWARAIAH C, ANGADI S, MISHRA B K. Mechanism of particle separation and analysis of fish-hook phenomenon in a circulating air classifier[J]. Powder Technology,2012,218:57-63.

[121] 宋斐,刘东明,徐宪斌,等. 粗粉分离器性能的模化试验及数值模拟研究 [J]. 热能动力工程,2001,16(2):191-194.

[122] 张锐,杨善让,刘巽俊. 组合式粗粉分离器气-固两相流的研究[J]. 吉林大学学报(工学版),2004(2):207-211.

[123] 柏楠. 中速磨煤机离心式煤粉分配器分配特性数值模拟[D]. 长春:吉林大学,2009.

[124] 刘志勇. 粗粉分离器的数值模拟研究与实验验证[D]. 武汉:华中科技大学,2006.

[125] 杨玉环. 旋转煤粉分离器叶片结构对分离效率影响的数值研究[D]. 北京:华北电力大学,2012.

[126] 周念鑫. 煤粉分离器分离特性研究及数值模拟[D]. 徐州:中国矿业大学,2011.

[127] 黄钢英. 粗粉分离器气固两相流动与分离的模拟[D]. 保定:华北电力大学,2013.

[128] GUO L J,LIU J X,LIU S Z,et al. Velocity measurements and flow field characteristic analyses in a turbo air classifier[J]. Powder Technology, 2007,178(1):10-16.

[129] YU Y,LIU J X,ZHANG K. Establishment of a prediction model for the cut size of turbo air classifiers[J]. Powder Technology, 2014, 254: 274-280.

[130] LIU R R, LIU J X, YU Y. Effects of axial inclined guide vanes on a turbo air classifier[J]. Powder Technology,2015,280:1-9.

[131] 吕太,丁帅,程超. ZGM 型中速磨煤机分离器挡板开度优化研究[J]. 电站系统工程,2016,32(4):21-24.

[132] 吕太,丁帅,程超. 粗粉分离器挡板开度对煤粉粒子分离特性影响的数值研究[J]. 东北电力大学学报,2016,36(4):39-43.

[133] ATAS S,TEKIR U,PAKSOY M A,et al. Numerical and experimental

analysis of pulverized coal mill classifier performance in the Soma B Power Plant[J]. Fuel Processing Technology,2014,126:441-452.

[134] LI H,HE Y Q,ZHANG Y,et al. Response of energy-size reduction to the control of circulating load in vertical spindle pulverizer [J]. Physicochemical Problems of Mineral Processing,2017,53(2):793-801.

[135] WANG C Z,CHEN J Z,SHEN L J,et al. Inclusion of screening to remove fish-hook effect in the three products hydro-cyclone screen (TPHS)[J]. Minerals Engineering,2018,122:156-164.

[136] SOMMERFELD M,HO C A. Numerical calculation of particle transport in turbulent wall bounded flows[J]. Powder Technology,2003,131(1): 1-6.

[137] AFOLABI L,AROUSSI A,ISA N M. Numerical modelling of the carrier gas phase in a laboratory-scale coal classifier model[J]. Fuel Processing Technology,2011,92(3):556-562.

[138] SCHUETZ S,MAYER G,BIERDEL M,et al. Investigations on the flow and separation behaviour of hydrocyclones using computational fluid dynamics[J]. International Journal of Mineral Processing,2004,73(2/3/4):229-237.

[139] SCHÜTZ S,GORBACH G,KISSLING K,et al. Numerical simulation of the flow field and the separation behaviour of hydrocyclones[C]// V European Conference on Computational Fluid Dynamics, Lisbon, Portugal,2010:14-17.

[140] ZHU G F,LIOW J,NEELY A J. Computational study of the flow characteristics and separation efficiency in a mini-hydrocyclone [J]. Chemical Engineering Research & Design,2012,90(12):2135-2147.

[141] BOURGEOIS F, MAJUMDER A K. Is the fish-hook effect in hydrocyclones a real phenomenon? [J]. Powder Technology,2013,237: 367-375.

[142] SCHUBERT H. On the origin of "anomalous" shapes of the separation curve in hydrocyclone separation of fine particles[J]. Particulate Science and Technology,2004,22(3):219-234.

[143] SCHUBERT H. Which demands should and can meet a separation model for hydrocyclone classification [J]. International Journal of Mineral Processing,2010,96(1):14-26.

[144] ESWARAIAH C, ANGADI S, MISHRA B K. Mechanism of particle separation and analysis of fish-hook phenomenon in a circulating air classifier[J]. Powder Technology,2012,218:57-63.

[145] HSU C Y, WU S J, WU R M. Particles separation and tracks in a hydroclone [J]. Tamkang Journal of Science and Engineering. 2011,14 (1):65-70.

[146] WANG B, YU A B. Computational investigation of the mechanisms of particle separation and "fish-hook" phenomenon in hydrocyclones[J]. AIChE Journal,2009,56(7):1703-1715.

[147] PALANIANDY S. Extending the application of JKFBC for gravity induced stirred mills feed ore characterisation[J]. Minerals Engineering, 2017,101:1-9.

[148] PETIT A, CORDOBA G, PAULO C I, et al. Novel air classification process to sustainable production of manufactured sands for aggregate industry[J]. Journal of Cleaner Production,2018,198:112-120.

[149] NAGESWARARAO K. Comment on: 'Is the fish-hook effect in hydrocyclones a real phenomenon?' by F. Bourgeois and A. K. Majumder [Powder Technology 237(2013)367-375][J]. Powder Technology,2014, 262:194-197.

[150] NAGESWARARAO K, MEDRONHO R A. Fish hook effect in centrifugal classifiers-a further analysis [J]. International Journal of Mineral Processing,2014,132:43-58.

[151] NAGESWARARAO K. Comment on: 'Experimental study of particle separation and the fish hook effect in a mini-hydrocyclone' by G. Zhu and J. L. Liow [Chemical Engineering Science 111(2014)94-105][J]. Chemical Engineering Science,2015,122:182-184.

[152] NAGESWARARAO K, KARRI B. Fish hook in classifier efficiency curves:an update[J]. Separation and Purification Technology,2016,158: 31-38.